Veröffentlichungen des Königlich Preußischen Meteorologischen Instituts

Herausgegeben durch dessen Direktor

G. Hellmann

——————— Nr. 252 ———————

Abhandlungen Bd. IV. Nr. 6.

Ergebnisse zehnjähriger Registrierungen des Regenfalls in Norddeutschland

Von

G. Hellmann

Springer-Verlag Berlin Heidelberg GmbH 1912

ISBN 978-3-662-23729-8   ISBN 978-3-662-25828-6 (eBook)
DOI 10.1007/978-3-662-25828-6
Softcover reprint of the hardcover 1st edition 1912

Einleitung.

Als ich 1892 die Organisation eines dichten Netzes von Regenstationen in Norddeutschland beendet und damit die extensive Seite des seit langem geplanten Unternehmens der eingehenden Erforschung der Niederschlagsverhältnisse erledigt hatte, konnte ich daran gehen, an einzelnen Stationen selbstregistrierende Regenmesser aufzustellen, um aus deren Aufzeichnungen genauere Aufschlüsse über die Häufigkeit, Dauer und Intensität des Regenfalls zu erhalten, als aus den einmaligen täglichen Messungen gewonnen werden können.

Im Frühjahr 1895 wurde mit der Aufstellung der ersten derartigen Instrumente begonnen. Es waren solche Hottingerscher Konstruktion, also mechanisch registrierende Regenmesser, die auf dem Prinzip der Federwage beruhen (Zeitschr. f. Meteorologie XIX, 179). Da sich diese Apparate als nicht sehr empfindlich erwiesen und es in der Tat im Laufe der Jahre immer noch weniger wurden, weil die Elastizität der Feder stark nachließ, nahm ich Veranlassung, durch den Mechaniker R. Fuess einen neuen, gleichfalls mechanisch registrierenden Regenmesser herstellen zu lassen. Nach mannigfachem Umarbeiten von Einzelheiten kam schließlich ein Apparat von großer Einfachheit im Mechanismus und geringem Preis zustande, den ich im Februarheft 1897 der Meteorologischen Zeitschrift beschrieb und zur Einführung empfehlen konnte. In kurzer Zeit hat er sich eingebürgert und zunächst außer in meteorologischen namentlich in bautechnischen Kreisen, wo man auf die Ermittlung starker Regenfälle in kurzer Zeit großen Wert legt, weite Verbreitung gefunden. Später wurde der Pluviograph in Hunderten von Exemplaren auch in tropischen und subtropischen Klimaten in Gebrauch genommen, worüber ich besonders erfreut bin, weil er dort das ganze Jahr hindurch registrieren kann, während er in höheren Breiten bei stärkerem Schneefall besser außer Dienst zu stellen ist, und zwar aus Gründen, die ich a. a. O. eingehender dargelegt habe.

Mit diesem Instrument wurden in Norddeutschland vom Jahre 1897 ab bis jetzt einige zwanzig Stationen ausgerüstet, während an 11 Stationen Hottingersche Apparate funktionierten.

Von vornherein war ich darauf bedacht, aus den Aufzeichnungen der Pluviographen möglichst viel Angaben zu entnehmen, weil mir das Verfahren der meisten Observatorien, nur Stundenmengen des Regenfalls und höchstens noch dessen tägliche Dauer zu veröffentlichen, nicht rationell erschien, da viele interessante Einzelheiten dabei unberücksichtigt bleiben. Aus den Registrierstreifen wurden daher folgende acht Angaben entnommen und für die einzelnen Monate, gewöhnlich von April bis Oktober, veröffentlicht:

    1. Die stündlichen Regenhöhen in Millimetern.

    2. Die Zahl der „Regenstunden", d. h. der Stundenintervalle mit Regenfall, ohne Rücksicht auf dessen Dauer.

    3. Die wirkliche Gesamtdauer des Regens für jedes der 24 Stundenintervalle, ausgedrückt in Stunden und Minuten.

    4. Die mittlere wirkliche Dauer des Regens in einer „Regenstunde", aber nur für die ganze Sommerszeit, nicht für die einzelnen Monate. Es sind die Quotienten der Zahlen in Tab. 3 und 2.

    5. Die Häufigkeit der Regenfälle nach ihrer Dauer, d. h. nach der Zeit, in der es ohne Unterbrechung geregnet hat, nach Schwellenwerten geordnet.

    6. Die Zahl der Tage, an denen es 1, 2, 3, 4 ... mal geregnet hat. Hierbei sind Regenfälle, die auf zwei Kalendertage fallen, nur einmal gerechnet, und zwar bei dem Tage, dem der größere Zeitanteil zufiel.

    7. Die Zahl der Tage mit verschiedener Regendauer, nach Schwellenwerten geordnet.

    8. Große Niederschläge in kurzer Zeit (Platzregen).

Im Laufe der Jahre wurde die Erfahrung gemacht, daß die Auswertung der Regendauer von der Auffassung des jeweiligen Bearbeiters nicht unabhängig ist, wenn man die ganz feinen Sprühregen von weniger als 0.1 mm mit berücksichtigen will. Es schien daher am besten, sie wegzulassen, zumal die Hottingerschen Instrumente solche Feinheiten zu unterscheiden gar nicht gestatteten. Im Sommerhalbjahr ist die Zahl dieser feinen Sprühregen im Binnenland nicht groß, aber in der kalten Jahreshälfte gibt es oft Tage, an denen es stundenlang „naß macht", ohne daß meßbare Niederschläge zur Aufzeichnung kommen.

Nach dem eben geschilderten Schema, das auch das Observatorium in Aachen und die Meteorologische Zentralstelle für das Großherzogtum Hessen befolgte, wurden die Resultate der Regenregistrierungen bis zum Jahrgang 1907 einschl. veröffentlicht, so daß für eine größere Zahl von Orten zehnjährige Reihen vorliegen, die zur Beantwortung der durch das Schema aufgeworfenen Fragen ausreichend erschienen.

Ich habe zunächst für die Regenfälle der Monate Mai bis September, die man als Sommerregenzeit ansehen kann, einige Resultate abgeleitet und sie in den Sitzungsberichten der Kgl. Preußischen Akademie der Wissenschaften, Bd. XVIII, 1912, S. 282—303 veröffentlicht. Es folgt hier ein Abdruck dieser Arbeit mit einigen Zusätzen, die sich auf analoge Verhältnisse an einigen Stationen außerhalb Norddeutschlands beziehen und die durch eckige Klammern kenntlich gemacht sind. Sodann wird noch in einem Zusatz die Frage nach der Genauigkeit der Stichprobenmethode zur Ermittlung der Dauer der Niederschläge hinzugefügt.

Die Tabellen am Schluß enthalten für die einzelnen Monate von April bis Oktober die numerischen Ergebnisse der zehnjährigen Registrierungen nach den oben besprochenen Gesichtspunkten und werden denen willkommen sein, die das vom Sommer-Durchschnitt etwas abweichende Verhalten der einzelnen Monate, insbesondere auch der Übergangsmonate April und Oktober, studieren wollen.

Über den Charakter der Sommerregen in Norddeutschland.

1.

Unsere Kenntnis von der Dauer und Häufigkeit der Niederschläge ist noch gering, weil zu ihrer Ermittlung die gewöhnlichen meteorologischen Terminbeobachtungen nicht ausreichen, sondern Registrierapparate erforderlich sind. Deren gibt es zahlreiche der verschiedensten Konstruktion, aber die Zahl der Stationen, an denen sie dauernd funktionieren und von denen die Aufzeichnungen eingehend bearbeitet und veröffentlicht werden, ist sehr klein im Verhältnis zu der großen Zahl von Orten, an denen die Niederschlagsmenge täglich direkt gemessen wird. Deshalb beziehen sich die meisten Untersuchungen über atmosphärische Niederschläge auf die herabfallenden Mengen, während Studien über ihre Dauer und Häufigkeit bisher über Gebühr zurückstehen mußten. Es ist das bedauerlich; denn bei vielen theoretischen und praktischen Fragen eignet sich die Häufigkeit besser zu Vergleichen als die Menge, bei der sich lokale starke Regenfälle störend bemerkbar machen.

Nun sollte man glauben, daß aus der täglichen Messung der Niederschlagsmenge wenigstens vergleichbare Angaben über die Zahl der Tage mit meßbarem Niederschlag abgeleitet werden können, allein die Erfahrung lehrt, daß dies nicht der Fall ist, und zwar hauptsächlich wegen der ungleichen Aufmerksamkeit der Beobachter. Allerdings hat die Einführung einer unteren Grenze für die Niederschlagsmenge an Niederschlagstagen in dieser Hinsicht einige Besserung gebracht, aber wirklich vergleichbare Zahlen erhält man erst dann, wenn diese untere Grenze ziemlich hoch gewählt wird, 0.5 mm oder gar mehr, wobei natürlich die Gruppe der für manche Klimate höchst charakteristischen Tage mit wenig ergiebigem Niederschlag (Nieselregen oder Sprühregen, engl. drizzle, franz. bruine) ganz außer acht bleibt. Schon im norddeutschen Binnenland beträgt die Zahl der Tage mit weniger als 0.5 mm Niederschlag etwa 20 Prozent aller Tage mit meßbarem Niederschlag, in manchen Klimaten höherer Breiten sogar erheblich mehr.

Aber selbst, wenn es gelänge, genau vergleichbare Angaben über die Zahl der Tage nicht bloß mit meßbarem Niederschlag, sondern auch mit Niederschlag überhaupt zu erhalten, würden diese doch keinen richtigen Maßstab für die Häufigkeit und Dauer der Niederschläge abgeben; denn Tage mit einem Regenschauer von einigen Minuten Dauer sind nicht gleichwertig mit solchen, an denen es stundenlang ununterbrochen regnet. Der Tag von 24 Stunden ist offenbar eine viel zu große Zeiteinheit für die Beurteilung der Häufigkeit und Dauer der Niederschläge. Er muß durch ein kleineres Zeitmaß, die Stunde, ersetzt werden.

So genaue Zeitangaben lassen sich natürlich nur aus den Aufzeichnungen von Registrierinstrumenten ableiten, da selbst der eifrigste Beobachter nicht imstande ist, sie durch direkte Beobachtung zu beschaffen.

Nachdem Pluviographen meines Systems, die eine so große Zeitskale haben, daß die Zeitbestimmung bis auf 2 Minuten genau erfolgen kann, an mehreren Stationen des norddeutschen Beobachtungsnetzes ein Jahrzehnt lang in Tätigkeit waren, liegt genug Material vor, um aus ihren Aufzeichnungen den Charakter der sommerlichen Regenfälle schärfer als bisher zu erfassen und darzustellen. Denn während die Registrierungen von selbstschreibenden Regenmessern gewöhnlich nur soweit bearbeitet bezw. publiziert werden, daß man die in den einzelnen Stundenintervallen gefallenen Mengen und vielleicht noch die Gesamtdauer der Niederschläge am Tage bekannt gibt, bin ich gerade bemüht gewesen, die Diagramme viel mehr auszuwerten und ihnen weitere interessante Angaben zu entnehmen.

Eine Ausdehnung der Untersuchung auf das ganze Jahr wäre höchst erwünscht gewesen, läßt sich zur Zeit aber noch nicht ausführen, weil der genannte Registrierapparat nur zur genauen Aufzeichnung der Regenfälle bestimmt ist und der von mir später (1906) konstruierte Chionograph erst kurze Zeit in Gebrauch steht. Die Untersuchung beschränkt sich daher auf die fünf Monate Mai bis September, die hinsichtlich der Regenverhältnisse einen ziemlich einheitlichen Charakter aufweisen und als sommerliche Regenzeit aufgefaßt werden können.

Die Stationen, deren Registrierungen benutzt wurden, sind Memel, Schivelbein, Putbus, Schwerin i. Meckl., Westerland auf Sylt, Lennep, Von-der-Heydt-Grube bei Saarbrücken und Gießen, gehören also vorzugsweise dem norddeutschen Flachlande an. Gelegentlich sollen aber auch die kürzeren Beobachtungsreihen der beiden Gipfelstationen Schneekoppe und Brocken zum Vergleich herangezogen werden, sowie die langjährigen Aufzeichnungen in Potsdam und auf einigen auswärtigen Stationen, an denen gleichfalls Pluviographen meines Systems im Gebrauch sind[1]). Dagegen bleiben ganz außer acht die auf einigen norddeutschen Stationen mittels des zuerst eingeführten Pluviographen von Hottinger gewonnenen Registrierungen, aus denen die Dauer der Niederschläge weniger genau ermittelt werden kann. Die Differenz kann namentlich bei älteren Apparaten dieser Art, die auf dem Prinzip der Federwage beruhen, leicht auf 20 und mehr Prozent anwachsen. Einen fast ebenso großen Unterschied zwischen den Angaben verschiedener Pluviographen fand man neuerdings auf einer englischen Station (in Yorkshire), wo 1910 drei Apparate verschiedener Konstruktion nebeneinander funktionierten[2]).

Der besseren Vergleichbarkeit wegen habe ich im folgenden lieber Prozentwerte als absolute Zahlen gegeben. Da ferner bei dem Vorhandensein einer natürlichen unteren Grenze, nämlich Null oder kein Niederschlag, das arithmetische Mittel vom häufigsten oder Scheitelwert stark abweicht und da die Streuung der Werte eine ziemlich große ist, habe ich meist Häufigkeitszahlen nach Stufenwerten abgeleitet.

[1]) [Wien, Sarajevo und Mostar].
[2]) [H. R. Mill, British Rainfall, 1910, S. 97. — Die Dauer der Niederschläge betrug in Stunden:

		Jan.	Febr.	März	April	Mai	Juni	Juli	Aug.	Sept.	Okt.	Nov.	Dez.	Jahr
System	Halliwell	54.8	71.1	25.0	53.3	49.0	37.4	51.5	64.5	15.8	59.6	91.4	73.3	646.7
	Newey	54.0	64.1	21.2	53.0	44.3	34.9	44.6	63.0	11.1	57.4	91.1	71.5	610.2
	Lander	52.9	59.9	17.4	43.0	40.7	34.0	47.0	65.6	10.8	56.1	96.2	73.6	597.2

Nimmt man die höchsten Werte als die richtigen an, dann zeigt der Pluviograph Lander in einigen Monaten, wie März und September, sogar eine um 30 Prozent zu kleine Regendauer an!]

Das der Untersuchung zugrunde liegende umfangreiche Zahlenmaterial¹) wird zusammen mit weiteren Einzelausführungen hier zum ersten Male bekanntgegeben, so daß ich mich in der Akademie auf die Mitteilung einiger allgemeiner Resultate beschränken konnte.

2.

Die Pluviogramme können zunächst zur Beantwortung der Frage nach der Anzahl der Regenfälle an einem Regentage dienen. Auch ohne genauere Aufzeichnungen weiß man schon aus der bloßen Erfahrung, daß der Regen nicht selten an einem Tage zu wiederholten Malen einsetzt und aufhört, ja daß gerade darin eine Eigentümlichkeit mancher Wetterlagen besteht. Die Registrierungen lehren uns nun, daß in der prozentischen Verteilung der Tage mit 1, 2, 3 ... Regenfällen an einem Regentage bei den einzelnen Stationen eine weitgehende Übereinstimmung herrscht, so daß die Größenordnung der Zahlen genügend verbürgt und die Ableitung eines für Norddeutschland gültigen Gesamtmittels gerechtfertigt ist (Tabelle 1). Es stellt die durchschnittlichen Verhältnisse um so richtiger dar, als auch in den einzelnen Jahren der allgemeine Verlauf der Zahlen jedesmal der gleiche war.

Tabelle 1. Zahl der Tage mit n Regenfällen in den Monaten Mai bis September, ausgedrückt in Prozenten aller Regentage.

n	Memel	Schivelbein	Putbus	Schwerin i. Meckl.	Westerland auf Sylt	Lennep	Von der Heydt Grube	Gießen	Mittel aus 8 Stationen
1	38.8	27.6	33.2	32.6	33.1	29.3	34.8	26.8	32.0
2	24.1	24.2	22.0	21.8	22.5	20.8	22.2	20.9	22.4
3	15.5	17.1	16.1	14.7	16.3	14.7	17.4	13.8	15.7
4	8.5	12.0	12.3	10.9	11.2	12.1	10.0	11.4	11.0
5	5.2	5.7	6.3	10.1	6.8	8.6	5.6	9.2	7.2
6	2.8	5.8	5.2	4.7	4.5	4.3	3.8	6.0	4.6
7	1.9	3.4	2.2	2.6	2.7	2.8	2.8	4.5	2.9
8	1.0	1.9	0.7	0.7	0.7	2.7	1.7	2.5	1.5
9	1.2	0.8	1.2	0.9	0.7	1.6	0.9	2.4	1.2
10	0.6	0.5	0.3	0.6	0.4	0.8	0.7	0.6	0.6
11	0.2	0.3	0.3	.	0.3	1.0	0.1	0.7	0.4
12	.	0.2	.	0.2	0.4	0.7	.	0.5	0.2
13	0.2	0.2	.	.	.	.	.	0.3	0.1
14	.	.	.	0.2	0.1	0.2	.	0.2	0.1
15	.	0.1	.	.	.	0.1	.	0.2	0.05
16	.	.	0.2	.	.	.	.	.	0.02
17	.	.	.	.	.	0.1	.	0.1	0.02
18	.	0.2	.	.	.	0.2	.	.	0.05

Die Zahl der Regentage, an denen es nur einmal regnet, ist überraschend klein, jedenfalls kleiner, als man nach der bloßen Erfahrung erwartet hätte. An knapp einem Drittel aller Regentage ist dies der Fall, und an reichlich doppelt soviel Tagen regnet es in mehr oder

---

¹) Wenn in den am Schluß folgenden Tabellen bei 6 und 7 die Zahlen der Regentage in der letzten Spalte bisweilen etwas verschieden sind, so erklärt sich dies daraus, daß Tage, an denen die Registrierungen nach der einen oder anderen Seite unvollständig oder unsicher waren, bei der Aufarbeitung unberücksichtigt blieben.

minder zahlreichen Absätzen[1]). Eine obere Grenze für die Zahl der zeitlich getrennten Regenfälle an einem Tage ist theoretisch zwar nicht vorhanden, nach den bisher vorliegenden 10jährigen Aufzeichnungen ist sie aber mit der Zahl 18 schon erreicht worden.

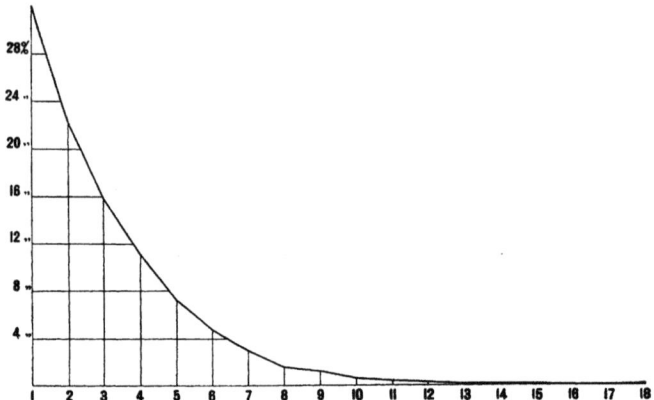

Fig. 1. Zahl der Regentage, an denen es 1, 2, 3 ... mal regnet.

Wie man am besten aus der Kurve in Fig. 1 ersieht, erfolgt die Abnahme in der Häufigkeit der Zahl der Regenfälle an einem Regentage außerordentlich regelmäßig, und zwar ziemlich genau in einer geometrischen Progression. Das erste und wichtigste Stück der Kurve läßt sich durch eine Gleichung von der Form $x = a \cdot b^{n-1}$ darstellen, in der a den Anfangswert, b den zu bestimmenden Quotienten (das Dekrement) und n die Zahl der Regenfälle am Regentag bedeutet. Bei Zugrundelegung der ersten 6 Zahlenwerte der Reihe ergibt sich für b der numerische Wert 0.697 oder rund 0.7, so daß die Formel lautet $x = 32 \times 0.7^{n-1}$. Beobachtung und Rechnung stimmen bis auf durchschnittlich 0.5 Prozent überein, doch nehmen bei größeren Werten von n die aus der Beobachtung abgeleiteten Häufigkeitsprozente etwas rascher ab als die nach der Formel berechneten[2]).

Die Tage mit nur einem Regenfall sind zu einem großen Teil die Gewittertage und die Tage mit Platzregen. Erstere machen in der Tat nahezu 30 Prozent der Regentage aus, deren Anzahl in den Monaten Mai bis September zwischen 60 bis 75, je nach der Gegend, schwankt. Tage aber, an denen der Regen wiederholt unterbrochen wird, gehören dem bei uns häufigen Typus der langandauernden Landregen an, die in Begleitung der meist in west-östlicher Richtung nördlich von Deutschland vorbeiziehenden barometrischen Depressionen eintreten. Sind diese so weit nach Osten vorgeschritten, daß sie sich nördlich oder nordöstlich von der Station befinden, so stellen sich Regenpausen ein, und kommt das sogenannte Rückseitenwetter noch

---

[1]) Ihre Zahl würde noch größer sein, wenn die Registrierapparate jeden feinsten Sprühregen, Regentropfen usw. anzeigten, was bekanntlich nicht möglich ist. Darum muß auch die wahre Regendauer etwas größer sein als die registrierte.

[2]) Da nur von Regentagen die Rede ist, hat die Formel für $n = 0$ natürlich keinerlei Bedeutung.

mehr zur Geltung, dann fällt der Regen in Schauern, die um so seltener werden, je mehr das Minimum sich entfernt und von Westen her hoher Luftdruck heranrückt. Eine derartige Wetterlage zeigen die synoptischen Karten auch in allen extremen Fällen, in denen es mehr als zehnmal am Tage geregnet hat und die ich einzeln geprüft habe. Immer liegt ein Tiefdruckgebiet, das am Tage vorher schon Regen brachte, im Nordosten, seltener im Norden der Station, während sich ein Hoch von Westen oder Südwesten her nähert. Besonders interessant in dieser Beziehung ist der 1. August 1903, an dem an den beiden etwa 150 km auseinander liegenden Stationen Putbus und Schivelbein übereinstimmend 15 bzw. 14 Regenpausen aufgezeichnet wurden. Solche Pausen haben oft nur eine Dauer von 5 bis 10 Minuten, können aber auch Stunden andauern.

3.

Die zweite und nächstliegende Frage, deren Beantwortung die Analyse der Pluviogramme gestattet, ist die nach der Dauer der Regenfälle.

Tabelle 2. Häufigkeit der Regenfälle in den Monaten Mai bis September, geordnet nach ihrer Dauer und ausgedrückt in Prozenten der Gesamtzahl der Regenfälle.

Dauer des Regenfalls	Memel	Schivelbein	Putbus	Schwerin i. Meckl.	Westerland auf Sylt	Lennep	Von der Heydt Grube	Mittel aus 7 Stationen	Gießen	Schneekoppe
$1-15^m$	28.8	35.2	28.3	30.9	33.3	29.2	32.6	31.2	48.8	17.3
$16-30^m$	18.5	22.0	20.2	23.6	20.6	23.2	21.7	21.3	19.7	20.0
$31-45^m$	12.4	10.3	11.8	11.6	10.6	9.9	11.3	11.1	8.3	11.4
$46-60^m$	9.2	8.3	8.6	8.5	7.3	8.0	6.5	8.1	5.4	8.4
1^m-1^h	68.9	75.8	68.9	74.6	71.8	70.3	71.5	71.7	82.3	57.1
$1^h 1^m-2^h$	14.2	12.6	15.9	13.3	14.1	15.1	13.5	14.1	9.9	18.0
$2^h 1^m-3^h$	6.8	5.8	7.2	5.4	5.5	6.6	6.0	6.2	4.0	7.2
$3^h 1^m-4^h$	3.6	2.3	2.7	2.7	3.4	3.0	3.6	3.0	1.2	3.7
$4^h 1^m-5^h$	1.8	1.2	2.0	1.4	2.0	2.2	1.8	1.8	1.1	2.6
$5^h 1^m-6^h$	1.4	0.5	1.2	0.8	1.0	0.7	1.1	1.0	0.5	1.5
$6^h 1^m-7^h$	0.9	0.6	0.9	0.8	0.6	0.3	0.7	0.7	0.3	1.6
$7^h 1^m-8^h$	0.6	0.2	0.4	0.1	0.6	0.3	0.6	0.4	0.2	1.3
$8^h 1^m-9^h$	0.3	0.2	0.4	0.3	0.4	0.3	0.3	0.3	0.1	1.4
$9^h 1^m-10^h$	0.3	0.3	.	0.2	0.2	0.3	0.1	0.2	0.1	0.6
$10^h 1^m-11^h$	0.5	0.1	0.1	0.2	0.2	0.1	0.2	0.2	.	0.7
$11^h 1^m-12^h$	0.1	0.1	0.1	0.1	.	.	0.1	0.1	.	0.9
$12^h 1^m-14^h$	.	.	0.1	0.1	0.1	0.2	0.1	0.1	.	1.1
$14^h 1^m-16^h$	0.3	0.1	0.1	.	.	0.3	0.1	.	.	0.6
$16^h 1^m-18^h$	0.1	.	.	.	0.1	0.1	.	.	.	0.8
$18^h 1^m-20^h$	0.1	.	.	.	.	.	.	.	.	0.1
$20^h 1^m-22^h$	0.1	.	.	.	.	.	0.1	.	.	0.2
$22^h 1^m-24^h$	.	.	.	.	0.1	.	.	.	.	.
$>24^h$	.	0.2	.	.	.	.	.	.	.	0.6

Schon die Bearbeitung des ersten Jahrgangs der Registrierungen zeigte, daß die Gruppierung nach einstündigen Intervallen nicht ausreichte, da auf das erste Intervall 1 Minute bis 1 Stunde reichlich zwei Drittel aller Regenfälle kamen. Es wurde daher die erste Stunde in vier gleiche Teile zerlegt, wodurch viele interessante Einzelheiten aufgedeckt wurden, ja es wäre gut gewesen, auch das zweite Stundenintervall wenigstens in Hälften zu teilen.

Die in Tab. 2 niedergelegten Ergebnisse lassen bei den ersten sieben Stationen eine weitgehende Übereinstimmung erkennen, so daß sie zu einem Gesamtmittel vereinigt werden konnten, dagegen weisen Gießen und Schneekoppe, d. h. eine trockene und eine nasse Station, andere numerische Verhältnisse auf.

Überraschend wirkt das Resultat, daß bei allen Stationen des Tieflandes Regenfälle bis zu 15 Minuten Dauer, auf der Schneekoppe — und ebenso auf dem Brocken und in Flinsberg — solche von 16 bis 30 Minuten Dauer am häufigsten sind; denn allgemein neigt man zu einer Überschätzung der Regendauer, die in Laienkreisen häufig übertrieben hoch angenommen wird[1]).

Die Abnahme der Häufigkeit bei den drei ersten Intervallen ($^1/_4$, $^1/_4$—$^1/_2$, $^1/_2$—$^3/_4$ Stunden) erfolgt, wie Fig. 2 deutlich zeigt, geradlinig, d. h. in arithmetischer Progression, dann tritt bei allen Stationen der Ebene eine Verlangsamung in der Abnahme ein.

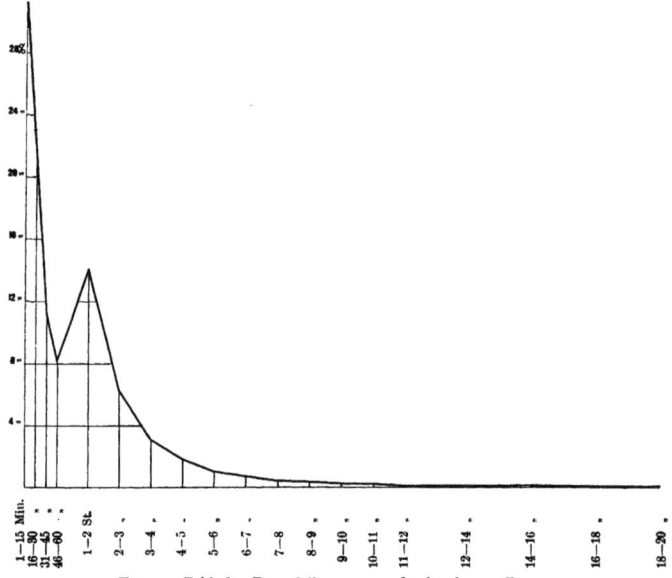

Fig. 2. Zahl der Regenfälle von verschieden langer Dauer.

Bei den sieben norddeutschen Stationen, deren Werte zu einem Gesamtmittel vereinigt werden konnten, haben 72 Prozent aller Regenfälle eine Dauer bis zu 1 Stunde, nur noch 14 eine solche von 1 bis 2 Stunden und 6 Prozent eine solche von 2 bis 3 Stunden. Die weitere Abnahme in der Häufigkeit länger dauernder Regenfälle erfolgt so rasch, daß auf Regenfälle

---

[1]) Die Überschätzung der Regendauer ist psychologisch wohl dadurch zu erklären, daß der Regen als störend empfunden und seine Dauer darum länger angenommen wird, als sie in Wirklichkeit ist.

von mehr als sechsstündiger Dauer nur 2 Prozent entfallen. Es ist daher gewöhnlich eine arge Überschätzung, wenn man öfters erzählen hört, es habe 12 oder gar 24 Stunden geregnet. Regenfälle von 12stündiger Dauer sind schon eine große Seltenheit, die vielleicht alle drei bis vier Jahre an einer Station einmal vorkommen, und, wie Tab. 2 zeigt, wurden Regenfälle von 24 Stunden Dauer an den meisten Stationen in den zehn Sommern überhaupt nicht registriert. Dies gilt auch für die 18jährige Beobachtungsreihe von Potsdam, aus der ich folgende mittlere und absolute Maxima abgeleitet habe:

		Mai	Juni	Juli	August	Sept.
Mittleres	Maximum der	7.6^h	6.3^h	8.0^h	5.5^h	9.1^h
Absolutes	Dauer eines Regenfalls	20.6	16.0	19.3	13.3	20.7

Das rasche Anwachsen des mittleren Maximums vom August zum September steht in Übereinstimmung mit der längeren Dauer der Regenfälle im September im allgemeinen und findet auch in der nachfolgenden Zusammenstellung der besonders lange dauernden Regenfälle eine Bestätigung. Der September ist nämlich reich an ihnen und erweist sich insofern als ein Übergangsmonat zur kalten Jahreshälfte mit ihren Niederschlägen von langer Dauer.

Regenfälle von ungewöhnlich langer Dauer.

Ort	Datum	Dauer in Stunden	Regenhöhe in mm insgesamt	pro Stunde
Schwerin i. Meckl.	2.— 3. Juli 1899	12.0	30.3	2.5
Putbus	14.—15. Sept. 1903	13.7	34.6	2.5
Potsdam	13.—14. Sept. 1906	15.8	18.7	1.2
Potsdam	20. Juni 1906	16.0	15.5	1.0
Westerland auf Sylt	15.—16. Sept. 1906	16.9	84.7	5.0
Schivelbein	7. Sept. 1902	17.3	35.5	2.1
Potsdam	7. Sept. 1902	16.6	44.9	2.7
Potsdam	6.— 7. Juli 1906	19.3	25.0	1.3
Lennep	8.— 9. Juli 1903	19.4	14.2	0.7
Von der Heydt Grube	28.—29. Sept. 1904	20.7	29.3	1.4
Potsdam	13.—14. Sept. 1903	20.7	28.7	1.4
Memel	12.—13. Juni 1899	20.8	27.4	1.3
Memel	16.—17. Aug. 1903	21.8	26.9	1.2
Von der Heydt Grube	20.—21. Mai 1906	22.8	9.3	0.4
Lennep	6.— 7. Juni 1902	23.0	38.8	1.7
Von der Heydt Grube	6.— 7. Juni 1902	19.8	17.5	0.9
Lennep	27.—28. Sept. 1899	24.2	20.4	0.8
Von der Heydt Grube	4.— 5. Sept. 1901	26.0	22.6	0.9
Schivelbein	9.—10. Mai 1903	26.8	57.5	2.1
Lennep	26.—27. Mai 1899	40.9	47.3	1.2
Schivelbein	26.—27. Mai 1899	29.2	18.2	0.6
Von der Heydt Grube	14.—16. Sept. 1901	47.8	32.6	0.7

Alle vorstehend aufgeführten langdauernden ununterbrochenen Regenfälle, ja nahezu alle Regenfälle von mehr als fünfstündiger Dauer gehören den sogenannten Landregen an, die in der kalten Jahreszeit zwar häufiger als in der warmen vorkommen, aber auch in dieser einen hohen Prozentsatz aller Regenfälle ausmachen. Natürlich gibt es auch sommerliche Landregen von weniger als fünfstündiger Dauer wie umgekehrt bisweilen ein Gewitterregen länger als 5 Stunden anhalten kann.

Drei typische Wetterlagen sind es, bei denen obige langdauernde Regenfälle eintraten:
1. die Station liegt an der Vorderseite eines von Nordwesten oder Westen heranrückenden

barometrischen Minimums, das nahe nördlich vorbeizieht oder unter Änderung seiner Bahn die Station selbst passiert; 2. über ganz Zentraleuropa, einschließlich der südlichen Nordsee und Ostsee, liegt ein ausgebreitetes flaches Tiefdruckgebiet, aus dem heraus sich Depressionskerne entwickeln, die langsam nach Norden oder Nordosten ziehen; 3. bei hohem Druck im Westen befindet sich im Osten von Zentraleuropa ein Tief, das ähnlich wie auf der Zugstraße V^b langsam nach Nordosten fortschreitet.

Die Regenfälle hielten um so länger an, je langsamer die Depressionen zogen oder wenn sie stationär blieben. Zu dem gleichen Resultat hatte auch die Untersuchung über die starken Regen im östlichen norddeutschen Binnenland geführt, welche die Sommerhochfluten der Oder verursachen[1]). Während aber diese schlesischen Regen bei langer Dauer auch so intensiv sind, daß sie oftmals Wolkenbrüche genannt werden können, erweisen sich die oben angeführten längsten Regenfälle als weniger ergiebig; denn nur selten geht die Regenintensität pro Stunde über 2 mm hinaus.

Um zu einer Vorstellung über die Dichtigkeit der norddeutschen Landregen im Sommer überhaupt zu kommen, wurde für Potsdam die mittlere Stundenmenge bei allen länger als 5 Stunden dauernden Regen ermittelt. Sie ergab sich für die Monate Mai bis September zu

Tabelle 3. Zahl der Regentage in den Monaten Mai bis September mit einer Regendauer von n Stunden bzw. Minuten, ausgedrückt in Prozenten aller Regentage.

n Regendauer eines Tages in Stunden bzw. Minuten	Memel	Schivelbein	Putbus	Schwerin i. Meckl.	Westerland auf Sylt	Lennep	Von der Heydt Grube	Mittel aus 7 Stationen	Gießen	Schneekoppe	[Wien]	[Mostar][2])
$1-15^m$	9.6	8.3	7.4	9.2	7.4	6.7	7.9	8.1	13.3	2.3	7.5	13.5
$16-30^m$	8.4	8.7	8.8	9.1	11.1	7.1	8.4	8.8	11.7	6.2	12.3	11.0
31^m-1^h	13.5	14.4	13.9	13.6	16.0	12.0	14.8	14.0	17.2	12.4	15.2	14.6
1^m-1^h	31.5	31.4	30.1	31.9	34.5	25.8	31.0	30.9	42.2	20.9	35.0	39.1
$1^h1^m-2^h$	18.9	21.7	20.5	21.0	20.6	18.0	20.6	20.2	20.6	14.9	20.4	20.3
$2^h1^m-3^h$	12.5	16.0	13.8	15.5	9.2	12.7	13.0	13.2	13.0	11.4	12.9	12.9
$3^h1^m-4^h$	10.4	8.7	10.2	10.3	11.4	9.2	10.2	10.1	6.9	9.2	7.9	6.9
$4^h1^m-5^h$	5.8	6.7	6.8	6.1	5.9	9.0	7.4	6.9	4.3	7.6	5.8	5.1
$5^h1^m-6^h$	5.1	4.7	5.6	3.7	5.5	7.2	4.8	5.2	3.2	2.8	4.0	4.4
$6^h1^m-7^h$	3.8	2.1	3.2	2.3	3.3	3.8	3.5	3.2	3.1	4.6	2.8	3.2
$7^h1^m-8^h$	3.6	2.1	2.6	2.6	3.1	3.6	2.3	2.8	2.1	4.3	2.6	2.7
$8^h1^m-9^h$	2.6	1.4	1.9	2.2	2.3	2.4	2.2	2.1	1.2	3.0	1.8	0.9
$9^h1^m-10^h$	1.9	1.4	2.2	1.2	0.4	1.8	1.4	1.5		2.3	1.4	1.2
$10^h1^m-11^h$	1.6	1.1	1.0	0.9	1.7	1.3	0.7	1.2	1.9	2.2	1.2	1.0
$11^h1^m-12^h$	0.8	0.3	1.0	0.4	1.0	1.0	0.1	0.6		2.1	1.2	0.8
$12^h1^m-14^h$	0.6	0.8	0.7	0.6	0.9	1.7	0.3	0.8		4.6	1.1	0.4
$14^h1^m-16^h$	0.7	0.5	0.5	0.7	0.2	0.7	1.0	0.6	0.8	2.0	0.7	0.2
$16^h1^m-18^h$	0.2	0.6	.	.	.	1.4	0.5	0.4		2.0	0.1	0.4
$18^h1^m-20^h$	.	0.5	.	.	.	.	0.6	0.2		2.8	0.6	0.3
$20^h1^m-22^h$	.	.	.	.	.	0.3	0.3	0.1	0.7	1.3	0.1	0.2
$22^h1^m-24^h$	.	.	.	.	.	0.1	0.1	0.03		2.0	0.4	.

[1]) Hellmann und von Elsner, Meteorologische Untersuchungen über die Sommerhochwasser der Oder. Berlin 1911, 8° und Atlas.

[2]) [Wien zeigt im wesentlichen dasselbe Verhalten wie die Mehrzahl der norddeutschen Stationen, Mostar ähnelt in dieser Beziehung dem trockenen Gießen.]

1.4 mm, so daß ein Landregen, der zwei oder mehr Millimeter in der Stunde liefert, schon als stark bezeichnet werden kann. Bei den eben erwähnten schlesischen Sommerregen sind aber im Gebirge mittlere Stundenmengen von 8 bis 10 mm öfters vorgekommen. Es sind dies die ergiebigsten Landregen in ganz Norddeutschland.

Aus der Zahl und Dauer der Regenfälle an einem Tage läßt sich die Gesamtdauer des Regens an einem Regentage ableiten. Über diese gibt Tabelle 3 Auskunft.

Sieht man zunächst von Gießen und Schneekoppe ab, die ein extrem trockenes bzw. feuchtes Klima repräsentieren, so herrscht bei den anderen norddeutschen Stationen wieder eine große Übereinstimmung im Verlauf der Zahlen. Die Abnahme der Häufigkeit der Regentage mit dem Ansteigen der einstündigen Schwellenwerte erfolgt sehr regelmäßig (Fig. 3). An 31 Prozent aller Regentage beträgt die Regendauer bis zu 1 Stunde, an 20 Prozent 1 bis 2 Stunden, so daß rund die Hälfte aller Regentage eine Regendauer bis zu 2 Stunden hat. Die weitere Abnahme der Häufigkeitsprozente geht so rasch vonstatten, daß Tage mit einer

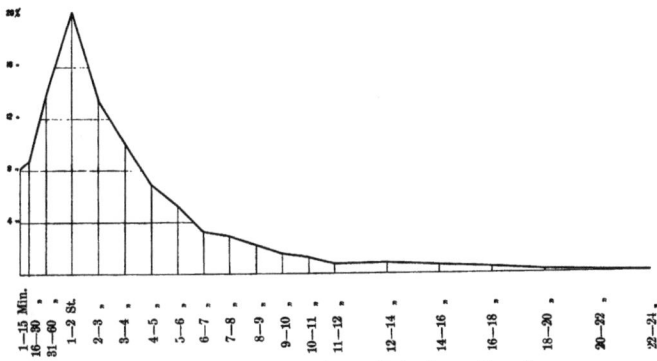

Fig. 3. Zahl der Regentage mit verschieden langer Regendauer.

Regendauer von 2 bis 3 Stunden schon seltener sind als solche, an denen es nur ½ bis 1 Stunde regnet. Desgleichen gibt es ebensoviel Tage, die eine Regendauer von 3 bis 5 Stunden haben, wie Tage, an denen der Regen bis zu ½ Stunde andauert.

In Gießen überwiegen die Tage mit kurzer Regendauer, auf der Schneekoppe, wo die Zahlenwerte der höheren Stufen wegen der Kürze der Beobachtungsreihe (6 Jahre) noch etwas unregelmäßig verlaufen, natürlich solche mit langer Regendauer. Hier regnet es an 65 Prozent aller Regentage mehr als 2 Stunden.

Aus den der Tabelle 3 zugrunde liegenden absoluten Zahlen kann die mittlere Dauer des Regens an einem Regentag berechnet werden. Sie sagt zwar viel weniger aus als die Verteilung der Häufigkeit nach Schwellenwerten in der genannten Tabelle, eignet sich aber zu einem raschen Vergleich der Stationen untereinander. Man darf nur nicht vergessen, daß der Wert der mittleren Dauer überall über dem häufigsten liegt. Die Zahlenwerte sind folgende:

Mittlere Dauer des Regens an einem Regentage.

	Mai	Juni	Juli	August	Sept.	Mittel
a) nach Registrierungen mit Hellmanns Pluviograph:						
Memel	2.9^h	2.3^h	2.5^h	3.4^h	3.2^h	2.9^h
Schivelbein	3.1	2.8	2.9	2.4	3.0	2.8
Putbus	2.6	3.0	3.1	3.0	3.1	3.0
Schwerin i. Meckl. . .	2.3	2.6	3.0	2.5	3.1	2.7
Westerland auf Sylt . . .	3.0	3.1	2.2	3.0	2.8	2.8
Lennep	3.8	3.7	3.8	2.9	3.9	3.6
Von der Heydt Grube . .	3.2	2.5	2.8	2.7	3.8	3.0
Gießen	2.1	2.1	2.1	1.8	3.2	2.3
Nürnberg (11 Jahre) . . .	2.7	2.5	2.9	2.4	4.1	2.9
Wien (12 Jahre)	3.3	2.8	2.9	2.8	3.5	3.0
Sarajevo (16 Jahre) . . .	3.0	2.8	1.9	2.5	3.1	2.7
Mostar (16 Jahre)	3.0	2.1	1.5	2.0	3.6	2.4
b) nach Registrierungen mit anderen Pluviographen:						
Potsdam (18 Jahre) . . .	2.7	2.4	2.8	2.0	2.8	2.5
Basel (7 Jahre)	3.6	2.5	2.9	2.8	3.5	3.1

Das Plateau des Bergischen Landes, auf dem Lennep liegt, wurde bereits in meiner „Regenkarte der Provinzen Hessen-Nassau und Rheinland", Berlin 1903, S. 17, als eines der regenreichsten Gebiete Norddeutschlands bezeichnet (Jahresmenge 1270 mm), obwohl es nur eine durchschnittliche Meereshöhe von 350 m hat; nun erweist es sich auch als eine Gegend, welche die häufigsten und längsten Regenfälle verzeichnet. An den Küsten der Nordsee und Ostsee ist die Dauer der sommerlichen Regenfälle viel kürzer, und im Trockengebiet von Gießen erreicht sie ein Minimum. Dagegen kann man von einer Abnahme der mittleren Regendauer an einem Regentage bei den mehr kontinental gelegenen Stationen Nürnberg und Wien nicht sprechen; erst Mostar in der Herzegowina, das sich schon dem mediterranen Charakter der Regenverteilung nähert, hat im eigentlichen Sommer Juni—August Tage mit kurzer Regendauer.

[Tage mit ununterbrochenem 24stündigen Regenfall kamen, außer auf der Schneekoppe und dem Brocken, nur in Lennep und Von-der-Heydt-Grube vor, während in Putbus, Schwerin und Westerland das Extrem der Regendauer nicht über 16 Stunden hinausging. Zum Vergleich mit diesen Höchstwerten der Regendauer am Regentage wurde für einige außerhalb Norddeutschlands gelegene Orte, an denen Pluviographen meines Systems in Tätigkeit und deren Aufzeichnungen wenigstens teilweise veröffentlicht sind, die längste Dauer des Regens an einem Regentage abgeleitet. Sie betrug in Wien 24.0, Sarajevo 20.6 und Mostar 21.3 Stunden, war also von derselben Größenordnung wie in Norddeutschland.

Speziell für Mostar, wo die geringen Schneefälle des Winters die Registrierung kaum stören, konnten für alle Monate des Jahres folgende Angaben berechnet werden.

	Jan.	Feb.	März	Apr.	Mai	Juni	Juli	Aug.	Sept.	Okt.	Nov.	Dez.	Jahr
[Mittlere Dauer des Niederschlags in Std.	51.5	50.2	64.3	56.3	36.8	21.5	9.0	11.4	26.9	46.7	50.4	70.0	495.0
„ Zahl der Niederschlagstage . .	9.9	10.6	11.9	12.2	12.4	10.3	5.9	5.7	7.3	11.9	10.2	13.1	121.4
„ Dauer des N. an einem N. Tage	5.2	4.7	5.4	4.6	3.0	2.1	1.5	2.0	3.6	3.9	4.9	5.4	4.1
Größte Dauer des N. an einem N. Tage	20.0	17.0	21.3	20.7	18.2	16.3	11.4	12.3	21.3	16.7	19.9	18.0	21.3
Mittlere Dauer einer »Regenstunde« . .	0.58	0.58	0.61	0.62	0.52	0.46	0.43	0.49	0.57	0.54	0.58	0.57	0.56

Die größte Dauer des Regens an einem Regentage betrug in

	April	Mai	Juni	Juli	Aug.	Sept.	Okt.
Wien (12 Jahre)	22.3	21.5	13.5	22.2	19.5	24.0	17.5^h
Sarajevo (16 Jahre)	13.8	20.5	20.6	13.3	20.6	18.2	18.9^h]

4.

Eine weitere Gruppe von Ergebnissen, die sich aus den Aufzeichnungen der Pluviographen ableiten lassen, betrifft die **tägliche Periode des Regens**, und zwar hinsichtlich seiner Häufigkeit, Dauer, Menge und Intensität. Hierbei treten mehr regionale Verschiedenheiten auf als bei den in den vorhergehenden Abschnitten besprochenen Verhältnissen, die sich auf die Häufigkeit und Dauer der Regenfälle im allgemeinen bezogen, ohne Rücksicht auf die Tageszeit, in der sie fallen.

Zum besseren Verständnis des Folgenden will ich vorausschicken, daß sich die tägliche Periode des Regenfalls, soweit sie bis jetzt namentlich bezüglich der Menge studiert worden ist, auf zwei Haupttypen zurückführen läßt, die ich nach den Erdgebieten, in denen sie am aus-

Tabelle 4. Mittlere Zahl der Regenfälle in den einzelnen Stundenintervallen in den Monaten Mai bis September (tägliche Periode der Regenhäufigkeit).

	Memel	Schivelbein	Putbus	Schwerin i. Meckl.	Westerland auf Sylt	Lennep	Von der Heydt Grube	Gießen	Mittel von 1 und 3	Mittel von 2, 4; 6, 8	[Wien]	[Mostar][1]
	1	2	3	4	5	6	7	8				
0 — 1^a	13.2	12.8	12.8	12.4	13.8	19.0	14.9	12.5	13.0	14.0	12.5	8.1
1 — 2	13.8	12.8	13.3	12.3	14.0	18.9	16.0	13.0	13.6	14.2	12.8	8.2
2 — 3	14.1	13.4	13.8	12.4	14.8	19.1	16.5	12.9	14.0	14.4	13.0	8.0
3 — 4	13.8	13.4	14.0	13.0	15.7	19.7	17.0	13.0	13.9	14.8	13.1	8.2
4 — 5	14.0	13.9	14.6	13.4	16.0	20.3	17.4	13.6	14.3	15.3	14.0	8.6
5 — 6	15.0	14.8	15.0	13.5	15.9	20.8	17.2	13.8	15.0	15.7	15.1	8.8
6 — 7	14.6	14.7	13.4	13.4	14.9	20.0	15.6	12.8	14.0	15.2	14.7	9.0
7 — 8	12.8	13.4	10.9	12.8	13.9	17.4	14.1	11.8	11.8	13.8	12.8	8.3
8 — 9	12.0	12.6	10.4	12.3	14.2	16.1	14.3	11.4	11.2	13.1	11.6	7.5
9 —10	12.0	12.6	10.7	12.5	14.8	16.3	14.8	11.2	11.4	13.2	11.4	7.8
10 —11	12.2	13.5	10.6	14.1	14.2	17.0	14.6	11.4	11.4	14.0	11.0	9.0
11 —12^a	13.4	14.8	11.2	15.4	13.6	18.6	14.5	12.4	12.3	15.3	11.1	10.0
12^a— 1^p	14.3	15.8	12.1	16.0	12.8	20.6	14.5	13.6	13.2	16.5	12.2	10.0
1 — 2	14.2	16.9	12.9	17.0	11.4	21.4	14.7	14.8	13.5	17.5	13.5	13.6
2 — 3	13.2	17.5	13.6	16.9	10.6	21.0	14.7	15.5	13.4	17.7	13.9	11.6
3 — 4	12.5	17.5	13.8	15.5	10.7	20.6	14.6	15.5	13.2	17.3	14.6	11.4
4 — 5	12.1	17.2	13.3	14.8	11.4	20.4	14.8	15.8	12.7	17.1	15.4	10.1
5 — 6	12.3	16.3	12.6	14.9	11.7	20.5	14.8	15.4	12.4	16.8	15.5	8.7
6 — 7	12.7	15.4	12.7	14.5	12.2	21.0	14.7	14.1	12.7	16.2	15.8	7.8
7 — 8	13.3	14.8	13.4	13.4	13.4	20.4	14.0	13.7	13.4	15.6	16.3	7.4
8 — 9	14.0	14.2	14.1	12.8	14.0	19.1	13.8	13.8	14.0	15.0	16.5	7.6
9 —10	13.7	13.4	14.2	12.6	14.4	18.5	13.6	13.8	14.0	14.6	15.6	7.8
10 —11	13.4	13.2	13.7	11.8	14.4	18.8	12.7	12.6	13.6	14.1	14.0	7.8
11 —12^p	13.4	12.7	13.0	11.8	14.1	19.2	13.2	12.8	13.2	14.1	12.8	7.9
Mittel	13.3	14.5	12.9	13.7	13.6	19.4	14.9	13.4		13.7		8.8

[1] [Die Eigentümlichkeit Wiens, die schon von Hann hervorgehoben wurde, besteht in der großen Zahl der Regenfälle zwischen 7 und 9 Uhr abends. Im regenarmen Mostar ist das nachmittägliche Maximum sehr deutlich ausgeprägt].

geprägtesten vorkommen, den ozeanischen und den kontinentalen nennen will. Der ozeanische Typus ist durch ein Maximum bei Nacht und ein Minimum bei Tage, der kontinentale umgekehrt durch ein Maximum am Nachmittag und ein Minimum bei Nacht gekennzeichnet. Am häufigsten kommen aber Übergangsformen vor: der ozeanisch-kontinentale Typus mit einem Hauptmaximum in der Nacht und einem sekundären am Nachmittag sowie der kontinental-ozeanische Typus, bei dem das Hauptmaximum auf den Nachmittag und ein sekundäres in die Nacht- oder frühen Morgenstunden fällt. Diesen beiden Übergangsformen begegnen wir auch bei den Sommerregen in Norddeutschland.

Zur Ableitung der täglichen Periode der Regenhäufigkeit dient die Häufigkeit des Regens in den einzelnen Stundenintervallen oder die Zahl der sogenannten „Regenstunden" (Tabelle 4)[1]).

Die binnenländischen Stationen Schivelbein, Schwerin, Lennep und Gießen zeigen denselben täglichen Gang, so daß sie zu einem Gesamtmittel vereinigt werden können, das in Fig. 4 graphisch dargestellt ist. Hiernach regnet es am seltensten in den Vormittagstunden

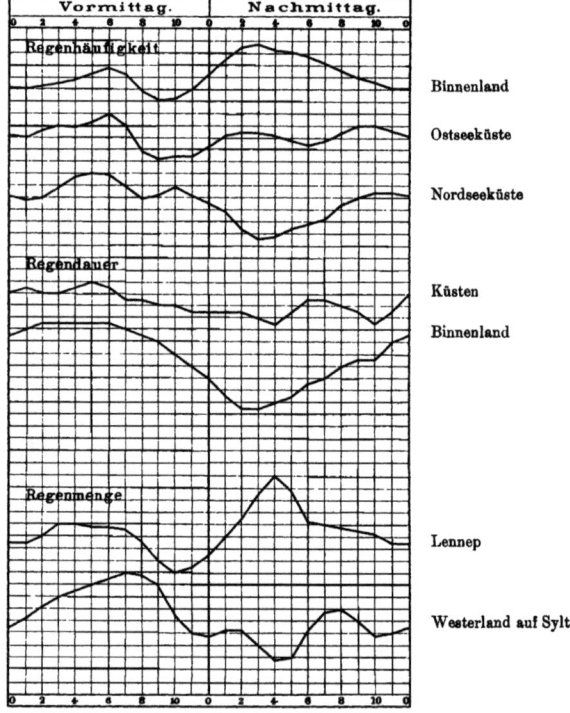

Fig. 4. Tägliche Periode des Regenfalls.

---

[1]) Bei den Zahlenwerten für die tägliche Periode (Tab. 4—6) fand eine Ausgleichung nach der Formel $(a + 2b + c):4$ statt.

von 8 bis 10^h, von da nimmt die Regenwahrscheinlichkeit regelmäßig zu bis 3^h, wo sie das Hauptmaximum erreicht, sinkt zu einem sekundären Minimum um Mitternacht herab und wächst wieder zu einem sekundären Maximum um 6^h morgens an. Es besteht also der kontinental-ozeanische Typus.

An der fünften binnenländischen Station, Von-der-Heydt-Grube, fehlt merkwürdigerweise das Hauptmaximum am Nachmittag vollständig; von 8^a bis 7^p verläuft die Kurve nahezu geradlinig, und nur in den Morgenstunden 5—6 macht sich ein deutliches Maximum bemerkbar, das im Mai und September besonders hervortritt.

Von den Küstenstationen lassen sich Memel und Putbus zusammenfassen (Fig. 4); sie haben ein Hauptmaximum um 6^h morgens und zwei nur wenig davon verschiedene sekundäre Maxima zwischen 1 und 2^h nachmittags und 9 bis 10^h abends. Das Minimum fällt auch hier zwischen 8 und 11^h vormittags.

Am reinsten zeigt sich der ozeanisch-kontinentale Typus in Westerland auf Sylt, wo einem Maximum zwischen 4 und 5^h morgens ein tiefes Minimum zwischen 2 und 4^h nachmittags gegenübersteht. Der Aufenthalt der Badegäste im Freien wird hier also bei Tage relativ am wenigsten durch Regen gestört. Der Grund dafür liegt in der Seltenheit der Platzregen, Gewitter und gewitterartigen Regenfälle („stille Gewitter"), die im Binnenland um diese Tageszeit besonders häufig sind.

Zieht man die Dauer des Regens in den einzelnen Stundenintervallen in Betracht, so gelangt man zur täglichen Periode der Regendauer, die ich hier aber nur benutzt habe, um aus ihr und der Häufigkeit des Regens die wahre Dauer des Regens in den Stundenintervallen abzuleiten. Die Zahlen der folgenden Tabelle 5 sagen also aus, welchen Bruchteil eines Stundenintervalls mit Regenfall es durchschnittlich regnet.

Wären verschieden lange Regen innerhalb einer Stunde gleich häufig, was nach Tab. 2 aber nicht zutrifft, dann müßte die wirkliche Regendauer fast genau halb so groß sein wie die Zahl der „Regenstunden", oder, anders ausgedrückt, der Reduktionsfaktor zur Reduktion der „Regenstunden" in wahre Regendauer wäre nahezu $^1/_2$. Das ist nicht der Fall. Der Faktor fällt im allgemeinen größer aus und erreicht auf der Schneekoppe besonders hohe Werte. Aber auch in der Ebene sind die Zahlenwerte dieses Reduktionsfaktors so ungleich groß, daß man nicht daran denken kann, mit dem für eine Station ermittelten Faktor die „Regenstunden" einer anderen Station in Regendauer verwandeln zu können. Dagegen zeigt sich eine weitgehende Übereinstimmung im täglichen Gang, sowohl bei den binnenländischen wie bei den Küstenstationen (Fig. 4). Im Binnenland, die Gipfelstation auf der Schneekoppe nicht ausgenommen, haben Nachtregen längere Dauer als Tagregen; an der Küste besteht noch dieselbe Gesetzmäßigkeit, aber der Unterschied zwischen den Regenfällen beider Tageszeiten ist geringer.

Die Begründung für dieses Verhalten muß wieder in der ungleichen Häufigkeit der Gruppe der kurzdauernden Regenfälle gesucht werden. Die ganz kurzen Platzregen und die auch nicht lange dauernden Gewitterregen treten im Binnenland in den Mittags- und Nachmittagsstunden am häufigsten auf, während sie an der Küste selten sind. Wir müssen daraus schließen, daß an der Küste der größte Teil der Regenmenge im Sommer von Landregen herrührt, die von der Tageszeit weniger abhängig sind. Die ergiebigen Gewitterregen sind hier

[Die eben erwähnte Tabelle, die in der Akademieabhandlung weggelassen wurde, folgt hierunter:

Tabelle 4a. Mittlere Regendauer in den einzelnen Stundenintervallen in den Monaten Mai bis September.

	Memel	Schivelbein	Putbus	Schwerin i. Meckl.	Westerland auf Sylt	Lennep	Von der Heydt Grube	Gießen
	Std.	Std.	Std.	Std.	Std.	Std.	Std.	Std.
0 — 1ª	8.64	**7.68**	8.18	7.27	8.36	13.08	9.52	6.97
1 — 2	8.58	8.07	8.65	7.62	8.40	12.67	10.71	7.26
2 — 3	8.85	8.38	8.89	7.88	8.80	**12.63**	11.23	7.23
3 — 4	9.10	8.50	9.01	8.33	9.30	12.93	11.47	7.16
4 — 5	9.23	9.05	9.57	**8.67**	9.58	13.14	**11.99**	**7.28**
5 — 6	**9.43**	**9.74**	**9.61**	8.64	**9.61**	**13.53**	11.74	7.28
6 — 7	8.89	9.49	8.00	8.40	9.29	13.04	9.97	6.58
7 — 8	7.62	8.47	6.30	8.10	8.86	11.52	8.56	5.76
8 — 9	**7.24**	7.62	6.07	7.73	8.84	10.69	8.77	5.52
9 —10	7.48	**7.08**	6.14	**7.52**	8.72	10.28	9.10	**5.52**
10 —11	7.70	7.11	**5.92**	7.94	8.40	**10.13**	8.64	5.72
11 —12ª	8.24	7.39	6.45	8.49	7.99	10.65	8.11	5.89
12ª— 1ᵖ	8.70	7.59	7.38	**8.58**	7.21	11.32	7.85	5.78
1 — 2	8.51	8.10	7.74	8.49	6.40	11.55	7.54	6.06
2 — 3	8.10	8.68	7.69	8.06	5.72	11.31	**7.27**	6.45
3 — 4	8.00	9.08	7.52	7.48	**5.53**	11.28	7.57	6.47
4 — 5	8.03	**9.13**	7.35	7.60	6.20	11.50	7.88	6.61
5 — 6	8.17	8.80	7.42	7.89	6.73	11.78	8.13	6.77
6 — 7	8.37	8.57	7.70	7.64	7.00	12.38	8.11	6.89
7 — 8	8.50	8.34	7.95	7.17	7.60	12.62	7.88	7.19
8 — 9	8.53	7.85	7.98	6.93	7.97	12.23	7.76	**7.27**
9 —10	8.30	**7.68**	7.80	6.88	8.10	12.21	7.72	7.16
10 —11	8.22	7.94	7.92	**6.73**	8.36	12.77	7.86	6.98
11 —12ᵖ	8.56	7.82	8.07	6.82	8.49	**13.16**	8.42	**6.77**
Mittel	8.38	8.26	7.72	7.79	7.98	12.01	8.91	6.61

[Überall fällt das Maximum der Regendauer auf die Morgenstunden von 4 bis 6 Uhr].

seltener, worauf die von mir früher nachgewiesene Regenarmut unserer deutschen Flachküsten beruht (vgl. diese Sitzungsberichte Bd. 42, S. 1422).

Zum Studium der täglichen Periode der Regenmenge bedarf es eigentlich längerer als 10 jähriger Beobachtungsreihen, da einzelne starke Regengüsse auf den Verlauf der Zahlen störend einwirken; indessen kommen bei Zusammenfassung der fünf Monate Mai bis September die großen charakteristischen Züge deutlich genug zum Vorschein. Immerhin zeigen sich gerade hier so erhebliche Verschiedenheiten von Station zu Station, daß lokale Verhältnisse eine viel größere Rolle spielen müssen als bei den bisher behandelten Elementen der Häufigkeit und Dauer der Regenfälle.

Es ist darum als unzweckmäßig zu bezeichnen, daß man bis jetzt mit Vorliebe den täglichen Gang der Regenmenge studiert hat; denn es lassen sich aus ihm allein wenig allgemeine Gesetzmäßigkeiten ableiten.

Tabelle 5. Mittlere Regendauer in einem Stundenintervall mit Regen („Regenstunde") in den Monaten Mai bis September.

	Memel	Schivelbein	Putbus	Schwerin i. Meckl.	Westerland auf Sylt	Lennep	Von der Heydt Grube	Gießen	Küste	Binnenland	Schneekoppe
	1	2	3	4	5	6	7	8	(1, 3, 5)	(2, 4, 6, 7, 8)	
0 — 1ª	0.65	0.62	0.64	0.59	0.60	**0.69**	0.64	0.56	0.63	0.62	0.84
1 — 2	0.62	0.63	0.65	0.62	0.60	0.67	0.67	**0.56**	0.62	0.63	0.84
2 — 3	0.63	0.62	0.64	0.64	0.60	0.66	0.68	0.56	0.62	0.63	**0.84**
3 — 4	0.66	0.63	0.64	0.64	0.60	0.66	0.68	0.55	0.63	**0.63**	0.84
4 — 5	**0.66**	0.65	**0.66**	**0.65**	0.60	0.65	**0.68**	0.54	**0.64**	0.63	0.83
5 — 6	0.64	**0.66**	0.64	0.64	0.60	0.65	0.68	0.53	0.63	0.63	0.84
6 — 7	0.61	0.65	0.60	0.63	0.62	0.66	0.64	0.51	0.61	0.62	0.82
7 — 8	**0.60**	0.64	0.58	0.63	**0.64**	0.66	0.61	0.49	0.61	0.61	0.78
8 — 9	0.61	0.60	0.58	0.63	0.62	0.66	0.61	0.48	0.60	0.60	0.76
9 —10	0.63	0.56	0.58	0.60	0.59	0.63	0.61	0.49	0.60	0.58	0.74
10 —11	0.63	0.53	0.56	0.57	0.59	0.60	0.59	0.50	0.59	0.56	0.74
11 —12ª	0.62	0.50	0.58	0.56	0.58	0.58	0.56	0.48	0.59	0.54	0.70
12ª — 1ᵖ	0.61	0.48	0.61	0.54	0.56	0.55	0.54	0.43	0.59	0.51	0.68
1 — 2	**0.60**	**0.48**	0.60	0.50	0.56	0.54	0.52	**0.41**	0.59	0.49	**0.68**
2 — 3	0.62	0.50	0.57	**0.48**	0.54	**0.54**	**0.50**	0.42	0.58	**0.49**	0.68
3 — 4	0.64	0.52	**0.55**	0.48	**0.52**	0.54	0.52	0.42	**0.57**	0.50	0.69
4 — 5	0.66	0.53	0.56	0.51	0.54	0.56	0.53	0.42	0.59	0.51	0.71
5 — 6	**0.66**	0.54	0.60	0.53	0.57	0.58	0.55	0.44	0.61	0.53	0.73
6 — 7	0.66	0.56	0.61	0.53	0.57	0.59	0.55	0.49	0.61	0.54	0.76
7 — 8	0.64	0.56	0.60	0.54	0.56	0.62	0.56	0 52	0.60	0.56	0.79
8 — 9	0.62	0.56	0.57	0.54	0.57	0.64	0.56	0.53	0.59	0.57	0.80
9 —10	**0.60**	0.55	**0.55**	0.54	0.56	0.66	0.58	0.52	**0.57**	0.57	0.80
10 —11	0.61	0.60	0.58	0.57	0.58	0.67	0.63	0.52	0.59	0.60	0.81
11 —12ᵖ	0.64	0.62	0.62	0.58	0.60	0.68	0.64	0.54	0.62	0.61	0.82
Mittel	0.63	0.57	0.60	0.57	0.58	0.62	0.60	0.50	0.60	0.57	0.77
Schwankung	0.06	0.18	0.11	0.17	0.12	0.15	0.18	0.15	0.07	0.14	0.16

Die größten Gegensätze weisen Westerland und Lennep auf: hier der scharf ausgeprägte kontinental-ozeanische Typus mit einem Hauptmaximum zwischen 3 und 4 Uhr nachmittags, einem sekundären Maximum zwölf Stunden früher und einem tiefen Minimum von 10 bis 11 Uhr vormittags, dort der ozeanisch-kontinentale Typus mit kleinerer Schwankung. Bei einigen binnenländischen Stationen teilt sich das nachmittägliche Hauptmaximum in zwei, bei anderen tritt das sekundäre Nachtmaximum stark zurück, wie namentlich in Gießen, wo fast der reine kontinentale Typus herrscht.

Es ist längst bekannt, daß das Maximum der sommerlichen Regenmenge am Nachmittag im Binnenland von den starken Regenfällen herrührt, die meist in Begleitung von Gewittern eintreten, und daß auch die oft ohne elektrische Erscheinungen herabfallenden Platzregen einen großen Anteil daran haben. Da die Station Von-der-Heydt-Grube keine Vermehrung in der Zahl der Regenfälle am Nachmittag zeigte, während in der täglichen Periode der Regenmenge das Maximum am Spätnachmittag sehr wohl vorhanden ist, kann es nur durch häufige starke Regen in diesen Stunden hervorgerufen sein. Um dies an der Hand der Registrierungen zu prüfen, wurden alle Fälle, in denen es in einem Stundenintervall mindestens 5 mm geregnet

Tabelle 6. Tägliche Periode der Regenmenge in Prozenten für die Monate Mai bis September.

	Memel	Schivelbein	Putbus	Schwerin i. Meckl.	Westerland auf Sylt	Lennep	Von der Heydt Grube	Gießen
0 — 1ᵃ	4.4	4.0	4.3	3.6	4.1	3.8	3.6	3.7
1 — 2	4.1	3.8	4.2	3.4	4.5	4.0	4.1	3.8
2 — 3	4.0	3.4	4.0	3.6	4.8	4.4	3.9	3.4
3 — 4	3.8	3.3	3.9	4.0	5.0	4.4	3.0	3.2
4 — 5	3.5	3.4	4.1	4.0	5.2	4.3	3.5	3.4
5 — 6	3.7	3.7	4.1	3.7	5.4	4.3	3.6	3.6
6 — 7	4.1	3.9	3.8	3.8	5.6	4.2	3.4	3.3
7 — 8	4.1	3.5	3.1	3.7	5.5	3.8	3.3	3.0
8 — 9	3.9	2.9	3.7	3.7	5.2	3.2	3.8	3.0
9 — 10	3.8	3.1	2.8	4.2	4.2	2.8	4.3	3.0
10 — 11	3.8	3.9	3.1	5.1	3.6	3.0	4.6	3.4
11 — 12ᵃ	4.2	4.4	4.2	5.6	3.5	3.4	4.7	3.5
12ᵃ — 1ᵖ	4.7	4.5	5.1	5.4	3.7	4.0	4.5	3.6
1 — 2	4.6	5.2	4.7	5.1	3.7	4.6	4.3	4.9
2 — 3	4.4	6.2	4.2	4.6	3.2	5.4	4.5	5.9
3 — 4	4.3	5.9	4.7	4.4	2.7	6.0	5.2	5.5
4 — 5	3.8	5.3	5.3	5.0	2.8	5.3	5.8	5.6
5 — 6	3.8	5.0	4.8	5.3	3.7	4.5	5.6	6.0
6 — 7	4.6	4.7	4.4	4.3	4.3	4.4	4.8	5.6
7 — 8	5.2	4.4	4.7	3.6	4.4	4.3	4.0	5.3
8 — 9	4.8	4.1	4.6	3.5	4.0	4.2	4.3	5.0
9 — 10	4.0	3.7	4.3	3.6	3.5	4.1	4.3	4.6
10 — 11	3.9	3.7	4.4	3.4	3.6	3.8	3.4	4.1
11 — 12ᵖ	4.4	4.0	4.4	3.4	3.8	3.8	3.1	3.6

hat, ausgezogen. Dasselbe geschah auch bei den Stationen Lennep, Westerland und Potsdam (18 Jahre). Es ergab sich, daß in den fünf Monaten Mai bis September durchschnittlich 5.7 mal in Westerland, 8.2 mal in Von-der-Heydt-Grube, 9.0 mal in Potsdam[1]) und 11.4 mal in Lennep Stundenmengen von ≥ 5 mm vorkommen. Ihre prozentische Verteilung auf die Tageszeiten ist folgende:

Tägliche Periode der starken Regen (Stundenmenge ≥ 5 mm) in Prozenten.

	0—3ᵃ	3—6	6—9	9—12	0—3ᵖ	3—6	6—9	9—12
Von-der-Heydt-Grube	9.3	5.6	8.3	12.0	13.0	28.7	14.8	8.3
Lennep	12.6	15.0	10.2	7.1	11.8	22.1	10.2	11.0
Potsdam	8.3	6.2	4.1	6.2	13.1	21.4	20.0	20.7
Westerland auf Sylt	17.5	12.5	17.5	7.5	11.2	8.8	13.8	11.2
[Bremen (19 J.)]	7.8	6.6	9.0	4.2	19.3	24.7	17.5	10.9

Diese Zahlen bestätigen die gemachte Annahme, zeigen auch für Potsdam die interessante Eigentümlichkeit des späten Eintretens der starken Regen von 3ʰ nachmittags bis gegen Mitternacht. In der täglichen Periode der Gewitter macht sich hier gleichfalls ein zweites Maximum zwischen 7 und 8ᵖ bemerkbar, mit dem diese starken Regenfälle offenbar zusammenhängen. Dagegen haben die Platzregen, d. h. starke Regenfälle von kurzer Dauer, in Potsdam[2]) einen davon etwas verschiedenen täglichen Gang, der zeigt, daß ihr Eintreten vorzugsweise an die wärmste Tageszeit gebunden ist.

---

[1]) In Potsdam kommt es in 10 Sommern (gerechnet von Mai bis September) durchschnittlich 13 mal vor, daß es zwei Stunden hintereinander mindestens je 5 mm regnet.
[2]) Seit 1893 werden in Potsdam Regenfälle von mindestens 0.2 mm in 1 Minute als starke ausgesondert.

Tägliche Periode der Platzregen in Prozenten.

	0—3ᵃ	3—6	6—9	9—12	0—3ᵖ	3—6	6—9	9—12
Potsdam	7.6	4.0	4.9	8.4	22.1	21.9	18.9	12.2

Damit in Übereinstimmung steht auch die Tatsache, daß auf den wärmsten Monat die meisten Platzregen entfallen; denn von allen Platzregen in den Monaten Mai bis September kommen auf den Mai 14.4, Juni 18.0, Juli 30.2, August 21.7 und September 15.7 Prozent.

Die Verteilung der starken Regenfälle auf die Tageszeiten in Westerland, die mit derjenigen der Gewitter Hand in Hand geht, zeigt deutlich ihr Vorherrschen in der Nacht und in den frühen Morgenstunden.

Die tägliche Periode der Regenintensität (Stundenmenge dividiert durch die zugehörige Dauer) schließt sich so eng an die der Regenmenge an, daß ich auf die Mitteilung der entsprechenden Tabelle hier verzichte. Es genüge hervorzuheben, daß im Binnenland die Intensität am Nachmittag (2—5ʰ) am größten und früh morgens (4—6ʰ) am kleinsten ist. An der Küste gibt es zwei Hauptmaxima gegen 8ʰ morgens und abends sowie ein sekundäres zwischen 2 und 3ʰ nachmittags. Der Quotient Maximum : Minimum schwankt zwischen 1.5 in Westerland und 2.5 in Von-der-Heydt-Grube, d. h. am letzteren Ort ist der Regen von 5—6ᵖ zweiundeinhalbmal so intensiv als der von 5—6ᵃ fallende.

[Die oben weggelassene Tabelle wird hier eingeschaltet:

Tabelle 6a. Tägliche Periode der Regenintensität (Stundenmenge dividiert durch die zugehörige Dauer) in den Monaten Mai bis September.]

	Memel	Schivelbein	Putbus	Schwerin i. Meckl.	Westerland auf Sylt	Lennep	Von der Heydt Grube	Gießen
	mm	mm	mm	mm	mm	mm	mm	mm
0 — 1ᵃ	1.40	1.58	1.36	1.24	1.27	1.25	1.15	1.45
1 — 2	1.30	1.41	1.26	1.12	1.39	1.33	1.17	1.42
2 — 3	1.24	1.24	1.15	1.13	1.42	1.48	1.05	1.27
3 — 4	1.14	1.15	1.11	1.20	1.39	1.47	0.92	1.22
4 — 5	1.04	1.13	1.09	1.13	1.40	1.40	0.89	1.29
5 — 6	1.09	1.16	1.09	1.08	1.47	1.37	0.93	1.33
6 — 7	1.28	1.25	1.22	1.12	1.56	1.38	1.03	1.35
7 — 8	1.48	1.24	1.27	1.15	1.63	1.41	1.19	1.44
8 — 9	1.49	1.15	1.19	1.19	1.52	1.27	1.34	1.47
9 —10	1.40	1.30	1.19	1.38	1.26	1.17	1.44	1.49
10 —11	1.38	1.63	1.35	1.60	1.11	1.28	1.62	1.63
11 —12ᵃ	1.41	1.81	1.69	1.63	1.15	1.38	1.79	1.63
12ᵃ— 1ᵖ	1.47	1.79	1.76	1.56	1.35	1.50	1.76	1.71
1 — 2	1.48	1.95	1.55	1.48	1.48	1.69	1.75	2.19
2 — 3	1.51	2.15	1.40	1.43	1.43	2.06	1.87	2.48
3 — 4	1.49	1.97	1.60	1.44	1.25	2.28	2.11	2.30
4 — 5	1.32	1.74	1.85	1.61	1.18	1.98	2.26	2.30
5 — 6	1.30	1.72	1.66	1.66	1.43	1.65	2.13	2.39
6 — 7	1.52	1.66	1.47	1.40	1.59	1.80	1.80	2.21
7 — 8	1.68	1.59	1.51	1.23	1.49	1.44	1.57	2.02
8 — 9	1.55	1.58	1.47	1.24	1.30	1.48	1.70	1.87
9 —10	1.34	1.46	1.41	1.28	1.14	1.43	1.71	1.75
10 —11	1.31	1.41	1.41	1.25	1.11	1.38	1.33	1.60
11 —12ᵖ	1.41	1.53	1.39	1.23	1.15	1.25	1.11	1.45
Mittel	1.38	1.52	1.39	1.32	1.35	1.49	1.48	1.72

5.

Auf Grund der im vorstehenden enthaltenen Ergebnisse 10jähriger Registrierungen des Regenfalls sowie anderer von mir schon früher gewonnenen Resultate der Regenforschung, wie sie namentlich in dem Werke „Die Niederschlagsverhältnisse in den norddeutschen Stromgebieten" (Berlin 1906, 3 Bände 8⁰) niedergelegt sind, will ich versuchen, eine allgemeine Charakteristik und Klassifikation unserer Sommerregen zu geben. Sie hat nicht bloß für Norddeutschland, sondern auch für einen großen Teil Zentraleuropas Gültigkeit, da, abgesehen von ganz lokalen Ausnahmen, gewisse Gesetzmäßigkeiten des Regenfalls für weite Gebiete annähernd gleich bleiben.

Eine Klassifikation unserer Sommerregen gründet sich am zweckmäßigsten auf ihre verschiedene Herkunft, je nachdem sie dem großen oder dem kleinen Kreislauf des Wassers angehören. Mit letzteren werden zugleich die dem Sommer charakteristischen Formen von denen geschieden, welche das ganze Jahr vorkommen.

Unter dem großen Kreislauf des Wassers verstehe ich diejenigen Niederschläge, bei denen der größte Teil des zur Kondensation gelangenden Wasserdampfes in den barometrischen Depressionsgebieten durch die Winde vom Ozean herbeigeführt wird, um später in flüssiger Form zu diesem zurückzukehren. Hierher gehören die langdauernden und weitverbreiteten Landregen, die gewöhnlich in Regenschauer und Regenböen von kurzer Dauer übergehen, wenn die Station auf die Rückseite des Depressionsgebietes zu liegen kommt. Auch die Graupelfälle des Frühjahrs und Frühsommers, die besonders in Nordwestdeutschland und in den Hochregionen unserer Mittelgebirge häufig auftreten, sind hier einzurechnen.

Wenn dagegen ein erheblicher Teil des kondensierten Wasserdampfes von der Verdunstung in der Nachbarschaft oder an Ort und Stelle herrührt, kann man von einem kleinen Kreislauf des Wassers sprechen. Charakteristisch für ihn ist, daß er sich mehrere Tage hintereinander in fast derselben Form wiederholen kann, und daß er natürlich nur Niederschläge von kurzer Dauer verursacht, da der lokal vorhandene Wasserdampf, wenn keine kräftige Advektion stattfindet, bald erschöpft ist. Regen solcher Herkunft sind die strichweise auftretenden Gewitterregen, Gewitterböen und Hagelfälle sowie die lokalen Platzregen.

Was nun den Anteil betrifft, den diese verschiedenen Formen des Regenfalls an der Gesamtregenmenge des Sommers haben, so läßt er sich genau nicht angeben, da häufig die eine Form in die andere übergeht und eine strenge Scheidung der anteiligen Mengen kaum möglich ist. Indessen kann man doch die Gewitterregen als unsere ergiebigsten Sommerregen bezeichnen; denn, obwohl im Binnenland nur der vierte bis dritte Teil der Regentage Gewitter haben, stammt nahezu die Hälfte der vom Mai bis September fallenden Regenmenge von Gewitterregen her. In den Küstengebieten, namentlich der Nordsee, wird der anteilige Betrag der Gewitter erheblich kleiner, während er in einigen Berglandschaften Mitteldeutschlands bis zu 75 Prozent ansteigt.

Gewitterregen haben durchschnittlich eine kürzere Dauer, als oben für die Sommerregenfälle im allgemeinen festgestellt wurde; sie beträgt in der Ebene etwas mehr als 1 Stunde, im Gebirge ungefähr $1\frac{1}{2}$. Ihre Intensität ist aber groß. Gewitterregen mit einer Stundenmenge von

5 bis 15, ja mehr Millimetern können bei Frontgewittern auf große Erstreckungen hin niedergehen, dagegen kommen Maximalmengen immer nur nesterartig auf relativ kleinen Gebieten vor. Man darf annehmen, daß überall in Norddeutschland, die Küstenstriche ausgenommen, ein mehrstündiger Gewitterregen bis zu 150 mm liefern und daß die Maximalstundenmenge 90 mm erreichen kann. Das sind die eigentlichen Wolkenbrüche, d. h. ungewöhnlich starke Regenfälle von etwas längerer Dauer. Sie treten mit Vorliebe in den trockenen Gegenden Ostdeutschlands auf, wo sich infolge der hohen Temperaturen ein kräftiger aufsteigender Luftstrom entwickeln kann. Indessen sind sie auch hier so selten, daß mehrere Jahrzehnte vergehen können, ehe sie sich am selben Ort wiederholen. Der Grund dafür liegt in ihrem geringen räumlichen Umfang; denn das Gebiet maximaler Regenmenge bei einem starken Gewitterregen kann auf 1 qkm herabgehen, beträgt aber bisweilen das 10 bis 30 fache.

Im Mai und Juni, seltener im Hoch- und Spätsommer, beginnt der Gewitterregen öfters mit einem Hagelfall, der noch enger begrenzt strichweise auftritt als das Gewitter selbst. Auch dürfte mancher großtropfige Regen der warmen Jahreszeit nichts anderes sein als Hagelkörner, die geschmolzen sind, ehe sie den Erdboden erreichen.

Einen kurz dauernden und ungewöhnlich insensiven Regenfall nennen wir einen Platzregen (Gußregen, Sturzregen). Eine Definition des Platzregens mit Angabe der unteren Grenzwerte für Zeitdauer und Regenmenge läßt sich nicht geben, da ich schon früher nachgewiesen habe, daß die Intensität der Platzregen mit ihrer Dauer abnimmt. Es gibt zwei Arten von Platzregen: die eigentlichen Platzregen, die selbständig auftreten, und solche, die nur eine Verstärkungsphase eines Regens, und zwar meistens eines Gewitterregens, bilden. Wie diese, kommen die Platzregen am häufigsten in der wärmsten Tages- und Jahreszeit vor. Das von ihnen betroffene Gebiet ist sehr klein.

Aus einigen Tausenden von eigentlichen Platzregen, welche die zahlreichen Regenbeobachter Norddeutschlands in den 20 Jahren von 1891—1910 gemeldet haben, ergeben sich folgende mittlere und absolute maximale Intensitäten des Regenfalls pro Minute[1]).

		1—5	6—15	16—30	31—45	46—60 Min. Dauer
Mittleres	Maximum	3.3	2.8	2.1	1.4	1.1 mm
Absolutes	der Intensität	6.7	5.0	2.7	2.3	1.5 mm

An einer einzelnen Station liefern 20 jährige Beobachtungen naturgemäß viel kleinere Extremwerte, aber die Abstufung der Intensität bleibt im wesentlichen dieselbe.

Zur Erklärung der Platzregen hat man Übersättigung der Luft mit Wasserdampf angenommen. Obwohl diese meines Wissens höchst selten in der Atmosphäre wirklich beobachtet worden ist, könnte sie doch wohl nur zur Erklärung der eigentlichen Platzregen dienen, nicht aber derjenigen, die in der Mitte oder am Ende eines Regenfalls auftreten.

Die Intensität der Landregen, die während der kalten Jahreszeit häufiger und ausgedehnter als im Sommer vorkommen, ist zwar gering und stark wechselnd, durchschnittlich nur wenig mehr als 1 mm pro Stunde, doch erreichen die Gesamtmengen wegen der langen Dauer

---

[1]) Wegen der zugrunde liegenden unteren Grenzen der Intensität vgl. mein Werk »Die Niederschlagsverhältnisse in den norddeutschen Stromgebieten« Bd. I, S. 144.

des Regenfalls so erhebliche Beträge, daß ihnen nächst den Gewitterregen der größte Anteil an der Regenmenge des Sommers zukommt. An den Küsten liefern sie sogar die Hauptmengen.

Da bei den sanft niedergehenden Landregen ein relativ großer Teil des Wassers in den Boden eindringt, tragen sie am meisten zur Erhaltung der Bodenfeuchtigkeit und zum Wachstum der Pflanzen bei. Dagegen verursachen die ungewöhnlich kräftigen Landregen, die im östlichen Binnenlande gar nicht selten eintreten, die gefürchteten Sommerhochwasser der Oder und oft auch solche der Weichsel und Elbe. Die meisten Überschwemmungen der westdeutschen Flüsse Weser, Ems und Rhein rühren von Winterregen her, deren Charakter ich später einmal zu erörtern gedenke.

Über die Stichprobenmethode zur Bestimmung der Regendauer.

Im Vorhergehenden ist bereits mehrfach hervorgehoben worden, daß die Pluviographen die feinsten Regenfälle nicht registrieren, weshalb die aus den Pluviogrammen abgeleiteten Werte für die Zahl und Dauer der Regenfälle kleiner ausfallen als sie in Wirklichkeit sind. Bei der sehr verschiedenen Empfindlichkeit der vorhandenen zahlreichen Arten von registrierenden Regenmessern wird man vergleichbare Angaben nur erhalten, wenn, wie in meiner obigen Studie geschehen, überall Instrumente desselben Typus die Registrierungen liefern oder wenn man sich über eine untere Grenze des Regenfalls pro Stunde einigt. Dieser Minimalbetrag dürfte zur Zeit, wo zum Teil noch recht unempfindliche Apparate in Tätigkeit stehen, nicht zu klein gewählt werden, wodurch natürlich die Abweichung der registrierten und der wirklichen Dauer des Regens noch größer werden würde. Viel richtiger wäre es freilich anzustreben, daß die Genauigkeit der Pluviographen allgemein wüchse und daß sie eine Regenmenge von 0.1 mm pro Stunde sicher zu registrieren gestatteten.

Nun hat Hervé-Mangon (Annuaire d. l. Soc. météorol. d. France 1860, S. 183) zur bloßen Konstatierung des Regenfalls und zur Bestimmung seiner Dauer ein einfaches Instrument, das Pluvioskop, gebraucht, das meines Wissens anderswo keine Verwendung gefunden hat. Zwar versuchte Sprung (Berliner Zweigverein der Deutschen Meteorologischen Gesellschaft 1900, S. 18) es zu benutzen, doch fielen die Versuche unbefriedigend aus, und desgleichen haben neuere Bemühungen nach dieser Richtung in Potsdam bisher zu keinem Ergebnis geführt. Die Feststellung einzelner Regentropfen, die fallen und die vom Pluviographen gar nicht aufgezeichnet werden, erfolgt zwar ziemlich sicher, aber die Bestimmung der Zeitdauer fällt wegen des Auslaufens der Tropfen ungenau aus. Es scheint, als ob eine größere Genauigkeit für die Ermittlung des Beginns eines leichten Regenfalls auf ganz anderem Wege erhalten werden kann, nämlich aus den Registrierungen der elektrischen Leitfähigkeit der Luft, worüber an anderer Stelle berichtet werden wird.

Die von Köppen empfohlene Stichprobenmethode (Zeitschr. d. öst. Ges. f. Meteorologie XV, 1880, S. 362) liefert, wenn auch nicht für die Zahl und Dauer der einzelnen Regenfälle, so doch für die mittlere Dauer des Regens im Monat und demgemäß auch an einem Regentage Angaben, die der Wirklichkeit näher kommen, als die aus den Registrierungen entnommenen Werte. Diese Methode hat allerdings zur Voraussetzung, daß eine tägliche Periode in der Niederschlagshäufigkeit nicht vorhanden oder doch wenigstens verschwindend klein ist. Dies dürfte jedoch nur für die Polargegenden zutreffen; denn nach den allerdings noch nicht sehr zahlreichen Aufzeichnungen, die aus niederen und mittleren Breiten vorliegen, existiert hier überall eine tägliche Periode der Niederschlagshäufigkeit. Unsere Tabelle 4 auf S. 15 zeigt sie für Norddeutschland sowie für Wien und Mostar und lehrt zugleich, wie bereits oben ausgeführt wurde, daß die Periode an verschiedenen Orten nicht dieselbe ist. Demzufolge kann die nach der Stichprobenmethode berechnete Dauer der Niederschläge nur dann wirklich vergleichbare Werte geben, wenn man weiß, daß die Orte dieselbe tägliche Periode der Niederschlagshäufigkeit haben, und wenn die Notierungen zu denselben Terminen ausgeführt sind. Bei den von der Stichprobenmethode bisher gemachten Anwendungen zu klimatologischen Zwecken (Köppen, Meyer, Mohn, Sprung, Okada) ist die erstere Vorbedingung niemals untersucht worden und höchst wahrscheinlich auch nicht erfüllt gewesen.

Des weiteren hat es ein großes Interesse zu prüfen, wieweit genau man aus den Aufzeichnungen an zwei oder drei täglichen Terminen für die Regendauer Werte erhält, die als Repräsentanten der wirklichen Regendauer gelten können. Letztere würde ein tadellos funktionierendes Pluvioskop liefern; da aber kein solches existiert, dürfen wir als Annäherung an die Wirklichkeit die Werte setzen, die sich nach der Stichprobenmethode aus den zu allen 24 Stunden des Tages gemachten Notierungen ergeben.

Solche sind zu Straßburg i. Elsaß von den Beobachtern auf der Plattform des Münsters (66 m über dem Erdboden) seit 1895 ausgeführt worden. Die Berechnung der publiziert vorliegenden Jahrgänge 1895—1905 hat zu den in Tabelle 7 niedergelegten Zahlenergebnissen geführt, aus denen die Werte in Tabelle 8 abgeleitet wurden.

Die Übereinstimmung ist im allgemeinen eine gute, wie auch Okada für einige japanische Stationen feststellen konnte (Journ. Meteorol. Soc. of Japan, Nov. 1904).

Wenn nun auch die aus einer Morgen- und einer Abendnotierung abgeleiteten Werte der Niederschlagsdauer den wahren Werten näher stehen als diejenigen, die aus Morgen-, Mittag- und Abendnotierungen resultieren, so ist doch andererseits zu bedenken, daß die Fehler der Beobachtung bei zweimal täglichen Aufzeichnungen von größerem Einfluß auf das Ergebnis sind als solche bei dreimaligen. Die Beobachtungsfehler können nämlich darin bestehen, daß entweder die Notierung des Niederschlags im Moment der Beobachtung unterlassen wird oder daß sie nicht genau im Moment (z. B. der Bewölkungsschätzung, da das Symbol des Niederschlags der Bewölkungsziffer im Tagebuch hinzugefügt wird) erfolgt, sondern sich auf einen längeren Zeitraum, wenn auch nur von wenigen Minuten, bezieht. Nach meiner Erfahrung wird der letztere Fehler trotz aller schriftlichen und mündlichen Unterweisungen von den Beobachtern am häufigsten begangen, was natürlich zur Folge hat, daß die nach der Stichprobenmethode berechnete Regendauer zu groß ausfällt. Bei einer falschen Notierung und bei zwei Terminen beträgt der Fehler im Monat 12 Stunden, bei drei Terminen nur 8 Stunden[1]). In

---

[1]) Bezeichnet r die Zahl der Beobachtungstermine mit Regen, n die Zahl der Tage im Monat, so ist die wahrscheinliche Regendauer im Monat bei 2 täglichen Terminen gleich $\frac{r}{2.n} \cdot 24 \cdot n = 12\,r$, bei 3 täglichen Terminen gleich $8\,r$ Stunden, usw.

Tabelle 7. Mittlere Häufigkeit der Niederschläge auf der Plattform des Münsters zu Straßburg i. E. nach Beobachtungen in den Jahren 1895—1905.

	Jan.	Febr.	März	April	Mai	Juni	Juli	Aug.	Sept.	Okt.	Nov.	Dez.
1^a	5.4	4.2	4.6	4.7	3.4	3.4	3.6	4.1	3.8	4.4	3.8	4.1
2	5.2	4.4	5.0	6.4	3.0	3.1	3.4	2.9	3.9	4.1	3.9	3.8
3	5.3	4.3	4.7	6.4	3.8	3.4	3.2	3.3	4.3	4.8	4.8	3.7
4	5.1	4.6	5.3	5.2	3.7	3.8	3.6	3.6	4.8	4.3	4.4	3.4
5	4.1	4.6	5.6	5.9	4.8	3.4	4.0	4.4	4.4	4.6	4.4	5.0
6	4.0	4.6	5.7	6.6	4.8	3.4	4.0	3.8	3.8	5.1	3.6	5.7
7	3.9	5.1	6.2	7.1	5.1	2.6	3.4	3.9	3.7	5.0	4.2	6.0
8	5.0	4.7	5.9	5.9	5.4	3.6	3.3	3.9	4.6	4.4	4.2	5.4
9	5.3	5.2	5.9	5.6	5.0	3.4	4.0	4.4	3.8	4.4	3.6	5.4
10	5.3	5.7	6.1	6.2	5.2	3.4	3.4	4.2	4.6	4.3	3.4	5.7
11	5.4	6.1	6.8	6.6	5.6	4.0	3.6	4.3	4.3	4.9	3.6	6.1
12^a	4.2	4.6	5.6	6.8	5.9	4.6	4.4	3.6	4.4	5.4	3.9	4.9
1^p	4.8	4.8	6.6	7.3	4.8	5.6	5.1	4.8	4.2	5.2	4.6	5.7
2	4.0	5.4	6.1	6.7	5.9	5.6	4.9	5.4	5.2	4.9	4.4	4.6
3	4.6	5.3	6.4	6.8	5.9	4.7	4.8	5.4	4.7	5.0	5.2	4.7
4	4.1	4.6	6.9	5.9	5.4	4.8	5.0	5.2	4.7	5.2	4.8	5.8
5	4.2	4.8	6.0	5.7	5.4	3.9	4.3	5.3	4.9	5.4	5.6	5.3
6	4.7	5.0	6.0	6.2	5.6	4.4	5.1	3.8	4.3	4.7	4.4	4.9
7	4.7	5.1	5.4	5.1	4.3	4.2	4.1	3.9	4.3	4.3	4.6	4.1
8	4.7	4.4	5.1	5.6	4.6	4.9	4.9	4.2	3.7	4.7	3.8	4.0
9	4.6	4.8	4.9	5.9	4.4	3.8	4.2	4.4	4.6	4.4	4.4	5.0
10	4.7	5.1	5.4	6.0	4.0	4.2	3.9	4.0	3.8	4.6	3.9	4.9
11	4.6	5.0	4.6	5.7	3.9	4.2	3.7	4.3	4.4	5.0	4.2	4.7
12^p	5.2	4.6	3.7	5.2	4.6	3.3	3.6	3.7	3.8	4.4	4.0	4.4
Summe	113.1	117.0	134.5	145.5	114.5	95.7	97.5	100.8	102.6	113.7	101.7	117.3

Tabelle 8. Wahrscheinliche mittlere Dauer des Regens auf der Plattform des Münsters zu Straßburg i. E. nach Notierungen

	(1) an allen 24 Std.	um $7^a, 2^p, 9^p$	Differenz gegen (1)	um $7^a, 1^p, 9^p$	Differenz gegen (1)	um $8^a, 2^p, 8^p$	Differenz gegen (1)	um $9^a, 3^p, 9^p$	Differenz gegen (1)	um $8^a, 8^p$	Differenz gegen (1)	um $9^a, 9^p$	Differenz gegen (1)
Januar	113.1	100.0	+13.1	106.4	+ 6.7	109.6	+ 3.5	116.0	— 2.9	116.4	—3.3	118.8	—5.7
Februar	117.0	124.8	— 7.8	120.0	— 3.0	116.0	+ 1.0	122.4	— 5.4	109.2	+7.8	120.0	—3.0
März	134.5	137.6	— 3.1	141.6	— 7.1	136.8	— 2.3	137.6	— 3.1	132.0	+2.5	129.6	+4.9
April	145.5	157.6	—12.1	162.4	—16.9	145.6	— 0.1	146.4	— 0.9	138.0	+7.5	138.0	+7.5
Mai	114.5	123.2	— 8.7	114.4	+ 0.1	127.2	—12.7	122.4	— 8.9	120.0	—5.5	112.8	+1.7
Juni	95.7	96.0	— 0.3	96.0	— 0.3	112.8	—17.1	95.2	+ 0.5	102.0	—6.3	86.4	+9.3
Juli	97.5	100.0	— 2.5	101.6	— 4.1	104.8	— 7.3	104.0	— 6.5	98.4	—0.9	98.4	—0.9
August	100.8	109.6	— 8.8	104.8	— 4.0	108.0	— 7.2	113.6	—12.8	97.2	+3.6	105.6	—4.8
September	102.6	104.8	— 2.2	96.8	+ 5.8	108.0	— 5.4	101.6	+ 1.0	99.6	+3.0	96.0	+6.6
Oktober	113.7	116.0	— 2.3	118.4	— 4.7	112.0	+ 1.7	112.0	+ 1.7	109.2	+4.5	108.0	+5.7
November	101.7	104.0	— 2.3	105.6	— 3.9	99.2	+ 2.5	105.6	— 3.9	96.0	+5.7	96.0	+5.7
Dezember	117.3	124.8	— 7.5	133.6	—16.3	112.0	+ 5.3	120.8	— 3.5	112.8	+4.5	124.8	—7.5
Jahr	1353.9	1398.4	—44.5	1401.6	—47.7	1392.0	—38.1	1397.6	—44.7	1330.8	+23.1	1334.4	+19.5

trockenen Klimaten würden solche Fehler einen relativ hohen Prozentsatz der gesamten Regendauer ausmachen [1]). Ich möchte zugleich hier darauf hinweisen, daß die Stichprobenmethode nicht zur Berechnung der Regendauer in einem einzelnen Monat, sondern nur zu derjenigen der mittleren Dauer aus vieljährigen Beobachtungen gebraucht werden darf.

Schließlich mache ich noch auf die aus Tab. 7 ersichtliche große Niederschlagswahrscheinlichkeit im April aufmerksam, die aus diesen Terminbeobachtungen deutlicher hervorgeht als aus den Registrierungen eines Pluviographen. Es liegt das eben daran, daß die unserem April eigentümlichen Regen-, Graupel- und Schneeschauer häufig von so kurzer Dauer und geringer Ergiebigkeit sind, daß sie vom Pluviographen gar nicht aufgezeichnet werden.

In Straßburg regnet es im April um 1 Uhr nachm. nahezu zwei und einhalbmal so häufig als im August um 2 Uhr nachts.

---

[1]) Daß solche Fehler häufig vorkommen, zeigen die von H. Meyer nach der Stichprobenmethode abgeleiteten Zahlen für die jährliche Niederschlagsdauer in Stunden. Sie soll in Hamburg 790, in Hannover 1463, in Bamberg 1330 und in Karlsruhe i. Baden 1196 Stunden betragen (vgl. Das Wetter 1898, S. 102)! Auch Sprung (Berl. Zweigverein d. Deutschen Meteorologischen Gesellschaft 1900, S. 12) hält die bedeutenden Unterschiede in den von ihm für einzelne Orte erhaltenen Zahlenwerte nicht für reell und schiebt sie auf Beobachtungsfehler.

Memel (1898—1907).

1. Regenhöhe in mm.

Monat	1a	2a	3a	4a	5a	6n	7a	8a	9a	10n	11a	12a	1p	2p	3p	4p	5p	6p	7p	8p	9p	10p	11p	Summe
April (5 J.)	3.0	4.7	3.8	2.1	1.4	2.6	3.0	1.7	2.0	2.3	2.0	3.8	1.3	1.5	1.5	0.8	1.8	1.4	1.5	2.3	3.0	3.2	3.7	2.6	57.0
Mai (9 J.)	1.4	1.1	1.1	1.3	1.7	1.9	2.0	1.2	1.0	1.1	0.8	1.2	1.6	1.8	2.0	3.2	0.8	0.4	1.1	2.4	1.3	1.3	0.9	1.6	34.2
Juni (9 J.)	2.5	1.7	1.7	1.0	1.1	1.4	3.0	1.8	2.0	1.8	3.1	2.4	3.7	2.2	1.8	2.2	2.0	2.7	2.9	2.7	2.5	2.3	2.7	2.9	54.1
Juli (9 J.)	0.8	1.3	2.5	3.0	1.3	1.4	2.6	2.1	1.9	2.5	2.5	2.7	2.3	3.1	3.3	2.8	2.4	1.9	1.0	2.2	1.2	0.8	1.4	1.7	48.7
August (9 J.)	4.4	4.0	4.4	3.2	3.7	2.8	3.2	2.8	4.5	2.0	2.1	3.2	4.8	3.9	3.6	2.7	1.5	2.1	3.4	6.4	4.6	3.4	2.9	4.7	84.3
September (9 J.)	3.5	2.1	2.2	1.7	1.6	1.8	2.3	2.4	2.0	2.6	2.1	1.5	1.6	1.3	0.9	2.4	2.7	3.2	3.8	2.3	3.4	3.2	1.6	2.2	54.4
Oktober (7 J.)	2.3	2.8	3.7	3.7	2.8	2.6	4.8	5.3	3.9	4.0	3.6	4.9	2.6	3.1	3.1	3.2	2.3	3.5	4.5	3.6	4.2	3.2	4.6	2.8	85.1
Summe	17.9	17.7	19.4	16.0	13.6	14.5	20.9	17.3	17.3	16.3	16.2	19.7	17.9	16.9	16.2	17.3	13.5	15.2	18.2	21.9	20.2	17.4	17.8	18.5	417.8

2. Zahl der »Regenstunden«.

Monat	1a	2a	3a	4a	5a	6n	7a	8a	9a	10n	11a	12a	1p	2p	3p	4p	5p	6p	7p	8p	9p	10p	11p	Summe
April (5 J.)	3.2	3.9	4.5	4.2	3.9	4.2	3.2	3.2	4.2	4.2	2.6	3.2	2.9	2.6	1.9	1.6	2.3	1.6	2.3	2.3	3.2	3.9	4.2	4.2	77.5
Mai (9 J.)	2.0	1.9	2.4	2.0	2.8	2.7	2.8	2.4	2.4	1.8	1.6	2.0	2.8	2.2	2.4	2.5	1.5	1.5	1.8	1.6	1.6	1.8	1.9	2.1	50.0
Juni (9 J.)	2.3	2.7	2.6	2.0	2.4	2.8	2.9	1.4	1.8	2.5	2.3	2.8	2.7	3.2	2.7	2.8	2.9	2.5	2.3	2.3	3.2	3.2	2.8	3.0	60.9
Juli (9 J.)	1.2	1.9	2.2	2.1	2.0	2.2	2.4	1.9	2.0	2.3	2.2	2.9	2.6	3.2	2.1	2.1	2.2	1.7	2.2	2.4	2.0	1.9	2.2	2.2	52.1
August (9 J.)	4.1	4.4	4.2	4.2	3.4	3.8	4.2	2.9	2.8	2.9	3.2	3.6	4.3	3.7	3.3	2.5	2.1	2.8	3.4	3.5	4.5	4.3	3.7	3.8	85.6
September (9 J.)	3.0	3.1	3.2	3.2	3.0	3.2	3.0	3.1	2.5	2.4	2.3	2.2	2.2	2.8	3.0	3.5	3.5	3.2	3.0	2.4	2.8	2.5	3.0	2.7	71.0
Oktober (7 J.)	5.1	4.9	3.7	5.1	5.7	5.7	4.7	4.4	5.2	4.9	4.9	5.6	5.2	5.7	5.2	4.7	4.9	5.7	5.2	5.1	5.2	6.3	6.6	5.9	125.6
Summe	20.9	22.8	22.8	22.6	23.4	24.8	23.8	19.2	21.5	21.1	19.2	22.4	22.7	22.8	19.8	19.1	18.8	19.8	20.2	20.2	23.2	23.6	24.1	23.9	522.7

3. Gesamtdauer des Regens in Stunden.

Monat	1a	2a	3a	4a	5a	6n	7a	8a	9a	10n	11a	12a	1p	2p	3p	4p	5p	6p	7p	8p	9p	10p	11p	Summe
April (5 J.)	2.77	3.42	3.65	2.78	3.08	3.20	2.55	1.92	2.95	2.82	2.42	2.50	1.88	1.75	0.98	0.92	1.28	1.37	1.40	1.70	2.05	3.10	2.63	3.23	56.35
Mai (9 J.)	1.49	1.32	1.59	1.52	2.06	2.12	2.23	1.48	1.29	1.01	1.11	1.39	1.70	1.60	1.43	1.08	0.96	1.20	0.96	0.93	1.10	1.56			33.93
Juni (9 J.)	1.53	1.67	1.39	1.28	1.58	1.98	1.85	0.97	1.34	1.62	1.74	1.91	2.09	1.74	1.91	1.92	1.82	1.73	1.67	1.74	1.72	1.77	1.98		40.86
Juli (9 J.)	0.74	1.15	1.53	1.53	1.42	1.28	1.31	1.04	1.18	1.39	1.60	1.79	1.60	1.61	1.44	1.00	1.29	1.00	1.03	1.23					31.25
August (9 J.)	2.99	2.60	2.71	2.70	2.30	2.30	2.61	1.83	1.88	2.12	2.03	2.11	2.48	2.07	1.99	1.50	1.40	1.77	2.17	2.26	2.83	2.72	2.36	2.58	54.31
September (9 J.)	1.97	1.55	1.80	2.03	1.90	1.65	1.81	1.29	1.66	1.61	1.53	1.38	1.13	1.24	2.22	2.2	2.8	3.0	2.35	2.2	3.2	1.98	1.37	1.60	40.65
Oktober (7 J.)	3.24	3.22	2.64	3.21	4.19	3.77	2.97	2.62	3.39	3.32	3.38	3.84	3.31	3.20	3.21	3.07	3.01	3.40	3.51	3.23	3.06	4.00	4.79	4.01	81.57
Summe	14.73	14.93	15.31	15.05	16.51	16.30	15.33	11.16	13.78	13.59	13.39	14.52	14.19	13.56	12.01	12.13	12.21	12.92	13.36	13.37	13.78	15.45	15.25	16.09	338.92

4. Wirkliche Dauer des Regens in einer »Regenstunde«.

| 1898—1907 | 0.71 | 0.63 | 0.65 | 0.65 | 0.68 | 0.62 | 0.63 | 0.59 | 0.64 | 0.64 | 0.69 | 0.63 | 0.62 | 0.60 | 0.60 | 0.63 | 0.64 | 0.64 | 0.61 | 0.61 | 0.56 | 0.63 | 0.61 | 0.64 |

5. Häufigkeit der Regenfälle nach ihrer Dauer in Prozenten der Gesamtzahl.

Monat	m 1–15	m 16–30	m 31–45	m 46–60	h m 0₁–1	h m 1₁–2	h m 2₁–3	h m 3₁–4	h m 4₁–5	h m 5₁–6	h m 6₁–7	h m 7₁–8	h m 8₁–9	h m 9₁–10	h m 10₁–11	h m 11₁–12	h m 12₁–14	h m 14₁–16	h m 16₁–18	h m 18₁–20	h m 20₁–22	Gesamt-zahl
April (5 J.)	19.1	12.8	8.5	12.8	5.3	19.1	9.5	7.4	2.1	3.2	1.1	1.1	.	1.1	.	1.1	.	.	.	.	.	94
Mai (9 J.)	27.5	13.0	17.0	8.0	65.5	12.0	10.0	4.5	2.0	1.5	0.5	0.5	1.0	1.5	.	.	0.5	.	.	.	.	200
Juni (9 J.)	21.2	11.4	11.4	7.9	65.9	14.8	8.7	2.6	1.9	1.9	1.9	0.7	0.4	.	0.4	.	.	0.4	.	0.4	.	264
Juli (9 J.)	31.8	17.7	10.4	10.4	70.3	14.9	5.6	4.8	1.2	1.2	0.4	0.8	.	0.4	.	0.4	.	.	.	.	.	249
Aug. (9 J.)	26.4	23.0	10.6	9.5	69.5	14.8	6.3	2.4	2.1	1.3	0.8	0.8	0.3	0.3	.	0.3	.	.	0.8	.	0.3	378
Sept. (9 J.)	17.7	12.7	10.6	7.7	73.5	14.4	3.2	1.5	1.8	1.2	2.4	0.9	0.7	1.2	0.3	0.3	.	0.3	.	.	.	339
Okt. (7 J.)	23.3	20.3	12.3	9.6	65.5	15.9	6.0	5.2	3.3	1.4	1.1	0.5	0.5	0.3	.	.	.	.	.	.	.	365
Mittel	26.7	18.0	11.8	9.7	66.2	15.1	7.0	4.3	2.0	1.7	1.0	0.7	0.3	0.4	0.2	0.4	0.1	0.1	0.0			

6. Zahl der Tage mit ... Regenfällen in Prozenten der Regentage.

Monat	1	2	3	4	5	6	7	8	9	10	11	12	13	Regentage
April (5 J.)	32.5	37.5	12.5	10.0	2.5	2.5	.	2.5	.	.	.	.	.	40
Mai (9 J.)	48.0	27.0	12.0	7.0	3.0	3.0	.	.	.	.	.	.	.	100
Juni (9 J.)	38.9	24.1	16.7	8.3	3.7	3.7	3.7	0.9	0.9	.	.	.	.	108
Juli (9 J.)	42.2	25.7	16.5	6.5	5.5	.	0.9	.	1.8	0.9	.	.	.	109
August (9 J.)	32.4	23.5	18.4	8.9	6.6	2.9	2.9	2.9	1.5	.	.	.	.	136
September (9 J.)	32.4	20.4	13.9	12.0	7.4	4.6	1.9	0.9	2.8	1.9	0.9	.	0.9	108
Oktober (7 J.)	21.6	21.6	16.5	9.3	8.3	7.2	5.2	1.0	2.1	4.1	2.1	.	1.0	97
Mittel	35.4	25.7	15.2	8.9	5.3	3.4	2.1	1.0	1.5	1.0	0.4	.	0.3	

7. Zahl der Tage mit einer Regendauer von ... in Prozenten der Gesamtzahl.

Monat	m 1–15	m 16–30	m 31–60	h m 0₁–1	h m 1₁–2	h m 2₁–3	h m 3₁–4	h m 4₁–5	h m 5₁–6	h m 6₁–7	h m 7₁–8	h m 8₁–9	h m 9₁–10	h m 10₁–11	h m 11₁–12	h m 12₁–14	h m 14₁–16	h m 16₁–18	Gesamt-zahl
April (5 J.)	4.2	6.4	12.8	23.4	12.8	14.9	17.0	.	10.7	8.5	4.2	.	6.4	.	.	.	2.1	.	47
Mai (9 J.)	8.7	11.5	11.5	35.6	17.3	8.7	5.8	6.7	4.8	.	4.8	1.9	1.9	.	.	1.0	.	.	104
Juni (9 J.)	10.0	6.4	11.8	28.2	20.0	15.5	9.1	7.3	2.7	2.7	5.5	0.9	2.7	1.8	0.9	0.9	.	0.9	110
Juli (9 J.)	11.7	10.8	17.1	39.6	15.4	12.6	13.5	3.6	5.4	0.9	4.5	1.8	0.9	0.9	.	0.9	.	.	111
August (9 J.)	7.8	7.2	10.7	25.7	20.7	17.1	13.6	3.6	4.3	4.3	2.9	1.4	1.4	1.4	1.4	1.4	.	.	140
September (9 J.)	9.7	6.2	12.4	28.3	21.2	12.4	7.1	8.8	3.5	6.2	3.5	2.7	1.8	1.8	.	.	.	.	113
Oktober (7 J.)	5.1	2.0	6.2	13.3	8.1	10.2	15.3	11.2	9.2	6.2	9.2	.	3.1	.	2.0	1.0	.	.	98
Mittel	8.2	7.2	12.3	27.7	16.5	12.6	12.0	5.8	6.5	5.2	4.0	3.2	2.6	1.6	0.6	0.7	0.9	0.1	

Schivelbein (1898—1907).

1. Regenhöhe in mm.

Monat	1a	2a	3a	4a	5a	6a	7a	8a	9a	10a	11a	12a	1p	2p	3p	4p	5p	6p	7p	8p	9p	10p	11p	Summe
April (5 J.)	0.8	1.2	0.8	0.9	0.5	0.4	0.3	0.2	1.0	0.9	1.3	1.2	1.6	2.8	2.9	1.9	3.4	2.3	2.8	2.0	0.9	0.8	0.6	0.2	31.7
Mai (9 J.)	2.8	2.4	1.2	1.6	1.5	1.6	2.1	2.0	1.5	2.0	1.8	3.3	1.5	1.8	2.7	3.0	3.3	2.6	2.1	2.3	1.8	2.1	1.9	1.9	50.9
Juni (10 J.)	1.5	1.8	1.4	1.5	1.6	1.9	1.7	1.1	1.4	1.5	1.2	2.0	2.0	3.0	6.3	5.0	4.0	2.8	2.6	2.1	3.2	1.4	2.6	2.4	56.0
Juli (10 J.)	3.5	3.4	3.2	2.6	2.1	4.1	4.1	3.3	2.0	2.3	2.4	3.0	4.1	4.4	3.7	3.1	3.5	3.0	2.9	3.1	1.6	2.5	4.2	3.2	75.3
August (9 J.)	1.8	2.2	2.3	2.9	1.5	2.0	3.3	2.9	1.5	1.6	4.0	4.1	3.2	3.1	4.2	4.8	3.4	2.5	4.3	3.4	3.9	5.9	1.7	0.8	69.0
September (10 J.)	2.6	2.1	1.5	2.8	1.9	1.5	1.4	1.4	1.4	1.4	1.9	2.5	1.6	2.6	3.6	3.2	1.9	2.7	3.5	1.2	1.1	2.0	2.1	2.7	50.7
Oktober (6 J.)	1.7	1.0	1.5	1.1	1.3	1.5	2.3	2.0	3.6	2.6	2.0	1.6	0.8	1.1	1.4	1.4	3.2	1.5	1.9	1.7	1.0	1.2	1.1	1.6	40.1
Summe	14.7	14.1	12.0	12.1	11.3	13.4	15.3	12.9	12.4	12.3	14.6	17.7	14.8	18.8	25.4	21.0	21.8	19.2	19.2	16.3	15.5	11.7	13.3	13.9	373.7

2. Zahl der »Regenstunden«.

Monat	1a	2a	3a	4a	5a	6a	7a	8a	9a	10a	11a	12a	1p	2p	3p	4p	5p	6p	7p	8p	9p	10p	11p	Summe
April (5 J.)	3.0	3.0	2.6	2.2	2.2	1.9	1.7	0.9	1.7	2.4	2.4	2.4	2.4	3.9	3.7	2.8	3.7	4.1	3.7	3.5	2.6	3.0	1.7	0.9	62.4
Mai (9 J.)	2.8	2.8	2.8	2.5	2.6	3.0	3.0	2.8	2.4	2.4	2.6	3.2	3.0	3.5	3.2	4.1	3.6	2.6	3.4	2.9	3.1	3.0			71.0
Juni (10 J.)	2.3	2.1	2.5	2.0	2.1	2.4	2.5	1.4	2.3	2.0	2.6	3.7	2.6	3.5	3.5	3.6	3.4	3.0	2.7	3.3	2.5	2.5	2.6	2.7	63.8
Juli (10 J.)	2.8	2.8	3.2	2.7	3.2	3.9	3.0	2.7	3.1	3.1	3.1	3.1	3.6	3.5	3.3	3.6	3.6	2.8	3.2	3.1	2.1	3.5	2.6		74.8
August (9 J.)	2.0	2.8	2.2	2.9	2.4	2.7	3.0	2.9	3.6	1.9	3.4	3.6	4.7	4.1	3.9	2.6	3.9	3.1	3.2	2.8	2.6	2.2	2.8	1.9	69.8
September (10 J.)	2.0	2.6	2.8	3.3	3.2	3.0	2.1	2.3	2.3	2.0	2.4	3.1	3.9	3.3	3.7	3.4	2.5	2.6	2.2	2.8	2.6				67.9
Oktober (6 J.)	3.3	2.0	2.5	3.0	2.7	3.0	4.0	2.3	2.7	3.0	2.5	2.0	3.7	2.8	3.2	3.3	3.2	2.8	3.2	2.7	2.0	2.7	3.5		69.1
Summe	18.0	18.1	18.6	18.6	18.4	20.0	21.3	15.6	17.5	17.3	19.1	19.6	20.3	24.5	24.4	23.3	24.6	23.5	21.8	21.5	19.8	17.8	18.0	17.2	478.8

3. Gesamtdauer des Regens in Stunden.

Monat	1a	2a	3a	4a	5a	6a	7a	8a	9a	10a	11a	12a	1p	2p	3p	4p	5p	6p	7p	8p	9p	10p	11p	Summe
April (5 J.)	1.40	2.07	1.94	1.40	0.88	1.29	0.72	0.36	1.19	1.29	1.42	1.28	1.71	2.09	2.07	1.33	2.27	2.54	2.42	1.91	1.71	1.42	0.95	0.67	36.33
Mai (9 J.)	2.13	1.76	1.79	1.72	1.80	2.06	2.31	1.79	1.58	1.41	1.67	1.28	1.48	1.74	2.05	2.33	1.78	1.54	1.78	1.67	1.91	2.18	1.94		43.67
Juni (10 J.)	1.36	1.37	1.39	1.33	1.40	1.75	1.56	1.02	1.38	1.27	1.41	1.89	1.55	1.53	1.89	1.70	1.74	1.40	1.41	1.77	1.36	1.11	1.29	1.82	35.70
Juli (10 J.)	1.58	1.79	1.95	1.88	2.20	2.21	2.35	2.01	1.68	1.49	1.50	1.43	1.89	1.94	1.22	1.61	1.73	1.74	2.08	1.85	1.69	2.07	2.23	1.66	42.65
August (9 J.)	0.95	1.71	1.46	1.67	1.45	1.68	1.81	1.81	1.81	1.92	2.14	1.46	1.83	1.93	1.72	1.81	1.61	1.86	1.55	1.63	1.63	0.83	0.88	1.07	36.90
September (10 J.)	1.26	1.60	1.95	1.67	2.20	2.21	2.04	1.29	1.40	1.33	1.04	1.01	1.06	1.78	2.08	2.00	1.91	1.92	1.91	1.56	1.39	1.50	1.68	1.41	39.22
Oktober (6 J.)	1.81	1.28	1.63	1.76	1.90	2.04	2.58	1.20	1.87	1.81	1.62	1.47	0.99	1.83	1.58	1.56	2.01	1.86	1.60	1.65	1.38	1.19	1.53	2.23	40.25
Summe	10.49	11.48	12.11	11.36	11.83	13.24	13.37	9.48	11.29	9.81	10.15	9.93	11.98	12.06	13.60	13.10	12.51	12.15	10.78	10.03	10.69	10.80	10.49	10.80	274.72

4. Wirkliche Dauer des Regens in einer »Regenstunde«.

	1a	2a	3a	4a	5a	6a	7a	8a	9a	10a	11a	12a	1p	2p	3p	4p	5p	6p	7p	8p	9p	10p	11p	
1898—1907	0.60	0.63	0.64	0.60	0.66	0.66	0.63	0.61	0.61	0.56	0.50	0.52	0.47	0.48	0.49	0.53	0.54	0.55	0.56	0.58	0.54	0.56	0.60	0.64

5. Häufigkeit der Regenfälle nach ihrer Dauer in Prozenten der Gesamtzahl.

Monat	m 1-15	m 16-30	m 31-45	m 46-60	h 0₁-1	h 1₁-2	h 2₁-3	h 3₁-4	h 4₁-5	h 5₁-6	h 6₁-7	h 7₁-8	h 8₁-9	h 9₁-10	h 10₁-11	h 12₁-14	h 14₁-16	h 16₁-18	h 26₁-28	h 29₁-30	Gesamtzahl
April (5 J.)	29.8	27.9	7.7	8.9	74.3	12.5	4.8	3.0	3.0	1.2	.	0.6	.	0.6	.	.	.	.	.	.	168
Mai (9 J.)	36.1	18.8	10.7	9.9	75.5	13.7	5.8	3.0	0.6	1.2	0.9	.	0.3	0.6	.	.	.	0.3	0.3	.	335
Juni (10 J.)	30.0	25.0	10.2	8.0	73.2	12.6	8.2	2.4	2.1	.	0.6	0.3	.	0.3	0.3	.	.	.	.	.	340
Juli (10 J.)	39.8	19.9	8.6	7.6	75.9	11.1	5.3	2.6	1.9	0.9	0.7	0.5	0.7	.	.	0.2	.	.	.	.	432
August (9 J.)	35.9	23.0	10.1	9.4	78.4	12.7	5.2	1.9	0.9	0.5	.	0.2	.	.	0.2	.	.	.	.	.	426
September (10 J.)	34.0	23.4	11.9	6.7	76.0	12.7	6.5	1.5	0.5	0.2	0.8	.	0.5	0.5	.	0.2	0.2	.	.	.	403
Oktober (6 J.)	30.0	16.8	8.9	9.7	67.2	19.9	7.7	2.4	1.6	0.8	0.4	.	.	.	.	.	.	.	.	.	247
Mittel	33.7	22.4	9.7	8.6	74.4	13.6	6.2	2.4	1.5	0.7	0.5	0.2	0.2	0.2	0.1	.	0.1	0.08	0.04	0.04	

6. Zahl der Tage mit ... Regenfällen in Prozenten der Regentage.

Monat	1	2	3	4	5	6	7	8	9	10	11	12	13	14	15	18	Regentage
April (5 J.)	39.0	18.8	12.5	18.8	1.6	3.1	3.1	3.1									64
Mai (9 J.)	26.1	23.5	21.7	13.0	5.2	4.4	2.6	1.7	0.9	0.9							115
Juni (10 J.)	24.6	25.4	15.8	18.4	6.1	0.9	3.5	0.9									114
Juli (10 J.)	30.3	24.0	14.1	9.2	6.3	7.0	5.6	2.8		0.7							142
August (9 J.)	28.5	21.9	18.2	9.5	10.2	2.2	4.4	0.7	2.2	1.5				0.7			137
September (10 J.)	28.5	26.1	16.1	10.0	2.3	9.2	3.8	0.8		0.5	0.5		0.2	0.8		0.8	130
Oktober (6 J.)	27.8	21.5	17.7	7.6	10.1	7.6	3.8	1.3	1.3	1.3							79
Mittel	29.2	23.0	16.6	12.4	5.7	5.7	3.5	2.0	0.8	0.5	0.2		0.1	0.1		0.1	

7. Zahl der Tage mit einer Regendauer von ... in Prozenten der Gesamtzahl.

Monat	m 1-15	m 16-30	m 31-45	h 0₁-1	h 1₁-2	h 2₁-3	h 3₁-4	h 4₁-5	h 5₁-6	h 6₁-7	h 7₁-8	h 8₁-9	h 9₁-10	h 10₁-11	h 11₁-12	h 12₁-14	h 14₁-16	h 16₁-18	h 18₁-20	Gesamtzahl
April (5 J.)	7.7	18.5	9.2	35.4	23.1	9.2	10.7	7.7	3.1	3.1	.	3.1	.	.	1.5	.	.	0.9	.	65
Mai (9 J.)	10.3	10.3	14.5	35.1	18.8	11.1	6.8	7.6	6.8	2.6	2.6	.	3.4	0.9	1.7	.	.	0.9	1.7	117
Juni (10 J.)	6.9	6.9	10.3	24.1	28.5	15.6	6.0	10.3	3.4	2.6	0.9	1.7	0.9	.	1.7	0.9	0.9	.	.	116
Juli (10 J.)	10.2	8.8	16.3	35.3	19.0	10.2	12.9	6.8	4.0	1.4	1.4	1.4	2.7	1.4	1.4	1.4	0.7	.	.	147
August (9 J.)	7.3	12.3	15.2	34.8	20.3	9.4	4.4	4.4	0.7	3.6	0.7	1.5	0.7	.	0.7	.	.	.	.	138
September (10 J.)	6.8	12.8	15.8	27.8	23.3	10.3	8.3	4.5	5.2	3.0	2.2	.	1.5	.	.	0.8	1.5	0.8	.	133
Oktober (6 J.)	8.5	7.4	13.4	29.3	14.7	18.3	3.7	8.5	3.7	2.4	2.4	1.2	.	.	.	1.2	.	.	.	82
Mittel	8.3	9.9	13.5	31.7	20.9	15.3	9.6	6.4	5.1	2.4	2.3	1.4	1.8	0.9	0.2	0.8	0.5	0.4		

Putbus (1898—1907).

1. Regenhöhe in mm.

Monat	1a	2a	3a	4a	5a	6a	7a	8a	9a	10a	11a	12a	1p	2p	3p	4p	5p	6p	7p	8p	9p	10p	11p	Summe
Mai (6 J.)	0.8	1.3	1.6	2.8	3.5	1.4	1.5	1.2	1.3	0.9	1.2	1.7	2.4	1.9	2.4	1.9	1.7	0.9	0.9	2.3	1.6	1.4	2.4	1.6	40.6
Juni (6 J.)	1.7	2.8	2.4	2.7	2.0	1.9	1.4	1.6	1.2	1.2	0.8	0.7	4.2	2.2	1.8	1.6	2.4	1.5	1.1	1.4	1.3	1.8	1.9	2.1	43.7
Juli (9 J.)	2.1	2.0	2.1	1.6	1.6	2.7	2.1	1.1	1.7	1.8	1.1	1.8	4.0	2.8	1.7	1.9	1.9	7.6	3.5	4.4	2.3	2.4	2.7	3.1	59.4
August (9 J.)	3.6	3.8	2.1	1.8	3.1	3.1	4.9	1.9	1.2	2.3	2.6	2.7	3.1	2.8	2.8	2.9	3.3	2.5	2.1	3.5	4.7	2.6	1.7	4.3	69.4
September (10 J.)	2.5	1.7	1.6	0.6	0.8	0.9	1.1	1.2	1.6	1.5	1.1	1.8	2.5	2.5	2.0	1.8	1.9	2.0	2.9	2.5	2.4	1.6	2.5	2.1	43.1
Oktober (8 J.)	1.5	1.8	2.9	2.3	2.3	2.6	2.1	1.7	2.5	2.2	1.8	1.8	2.8	2.1	2.3	2.4	2.1	1.7	1.6	1.4	0.8	0.9	1.3	1.8	46.7
Summe	12.2	13.4	12.7	11.8	13.3	12.6	13.1	8.7	9.5	9.9	8.6	12.7	17.8	13.2	13.2	12.5	19.0	12.1	13.0	13.4	13.2	11.0	12.9	13.1	302.9

2. Zahl der »Regenstunden«.

Monat	1a	2a	3a	4a	5a	6a	7a	8a	9a	10a	11a	12a	1p	2p	3p	4p	5p	6p	7p	8p	9p	10p	11p	Summe
Mai (6 J.)	2.3	2.2	2.0	2.3	2.3	3.1	2.9	2.0	2.3	1.8	2.0	2.0	1.6	2.5	3.1	1.8	1.8	1.4	2.2	2.3	2.2	2.7	2.5	2.9	54.2
Juni (6 J.)	1.9	2.6	2.9	3.3	4.0	3.1	2.4	2.3	1.9	2.1	2.3	1.9	2.6	2.1	2.3	2.8	2.4	1.6	2.3	2.3	2.9	3.1	2.6	2.1	59.8
Juli (9 J.)	2.6	2.7	2.4	2.6	2.9	3.0	2.9	1.2	1.9	2.4	1.2	2.1	2.6	2.6	2.7	3.8	3.0	3.2	3.0	2.7	3.4	2.6	2.4	2.6	62.6
August (9 J.)	2.3	3.1	3.0	3.0	3.2	4.2	3.4	2.4	2.3	2.4	2.2	2.8	2.8	2.5	3.1	3.4	3.6	3.0	2.9	2.2	3.0	2.8	2.5	2.8	68.9
September (10 J.)	2.8	3.1	3.6	2.5	2.1	2.5	1.6	2.1	1.4	1.7	1.8	1.94	2.5	2.5	2.4	3.4	3.3	2.9	2.9	3.4	2.3	1.9	2.9	3.0	64.4
Oktober (8 J.)	2.9	2.8	3.1	3.3	3.1	3.8	3.6	2.3	2.6	3.6	2.2	1.9	2.3	2.8	3.2	3.2	2.9	3.2	3.2	3.1	2.2	2.3	1.9	2.9	68.6
Summe	14.8	16.5	17.0	17.0	17.6	19.5	17.9	11.8	13.1	14.7	12.2	13.1	14.7	15.3	17.5	16.5	17.1	14.7	16.2	16.3	16.3	17.2	15.0	16.5	378.5

3. Gesamtdauer des Regens in Stunden.

Monat	1a	2a	3a	4a	5a	6a	7a	8a	9a	10a	11a	12a	1p	2p	3p	4p	5p	6p	7p	8p	9p	10p	11p	Summe
Mai (6 J.)	1.07	1.67	1.46	1.80	1.76	2.27	1.49	0.86	1.41	1.22	0.98	1.00	1.16	1.22	1.47	0.99	0.80	0.65	1.25	1.82	1.20	1.08	1.29	1.51	31.43
Juni (6 J.)	1.39	1.71	1.65	2.19	2.62	1.91	1.54	1.51	1.42	1.19	1.35	0.94	1.56	1.11	1.27	1.38	1.00	1.14	1.18	1.05	1.26	1.43	1.41	1.51	35.48
Juli (9 J.)	1.58	1.76	1.50	1.61	1.85	2.06	1.44	0.76	1.01	1.32	0.66	1.17	1.55	1.60	1.70	1.82	2.15	1.95	1.88	1.69	1.65	1.93	1.76	1.57	37.97
August (9 J.)	1.62	2.13	2.03	1.84	1.84	2.58	1.98	1.18	1.10	1.32	1.24	1.64	1.70	1.58	1.91	1.85	1.90	1.86	1.79	1.30	1.80	1.57	1.43	1.78	40.59
September (10 J.)	1.90	1.89	2.08	1.51	1.34	1.65	1.16	1.18	1.17	1.37	1.30	1.47	1.85	2.14	1.90	1.41	1.51	1.62	1.76	1.99	1.92	1.56	1.88	2.07	40.03
Oktober (8 J.)	2.06	1.87	2.28	2.27	2.13	2.61	2.58	1.42	1.80	2.22	1.63	1.35	1.44	1.72	1.94	1.96	1.76	1.91	2.15	1.98	1.29	1.49	1.36	2.07	45.29
Summe	9.62	11.03	11.00	11.22	11.54	13.12	10.59	6.91	7.99	8.64	7.16	7.57	9.26	9.37	9.77	9.41	9.12	9.13	10.01	9.83	9.54	9.04	9.21	10.51	230.59

4. Wirkliche Dauer des Regens in einer »Regenstunde«.

1898—1907	1a	2a	3a	4a	5a	6a	7a	8a	9a	10a	11a	12a	1p	2p	3p	4p	5p	6p	7p	8p	9p	10p	11p
	0.65	0.69	0.66	0.64	0.65	0.65	0.59	0.60	0.61	0.60	0.60	0.60	0.65	0.59	0.59	0.56	0.62	0.65	0.59	0.60	0.58	0.61	0.63

5. Häufigkeit der Regenfälle nach ihrer Dauer in Prozenten der Gesamtzahl.

Monat	m 1-15	m 16-30	m 31-45	m 46-60	h m 0₁-1	h m 1₁-2	h m 2₁-3	h m 3₁-4	h m 4₁-5	h m 5₁-6	h m 6₁-7	h m 7₁-8	h m 8₁-9	h m 9₁-10	h m 10₁-11	h m 11₁-12	h m 12₁-14	h m 14₁-16	h m 16₁-18	Gesamtzahl
Mai (6 J.)	26.5	21.0	11.7	13.0	72.2	13.5	7.4	3.1	.	1.3	1.3	0.6	0.6	.	.	.	.	.	.	162
Juni (6 J.)	30.4	21.1	9.8	8.3	69.6	10.6	7.7	1.6	2.1	1.0	1.0	.	1.0	.	.	.	.	.	.	194
Juli (9 J.)	27.8	20.9	11.5	8.3	68.5	15.6	6.0	3.0	3.6	1.3	1.0	.	0.7	.	0.3	.	.	.	.	302
August (9 J.)	31.4	18.3	12.2	7.0	68.9	16.5	7.6	3.1	0.9	0.9	0.9	0.3	0.3	.	0.3	0.3	.	.	.	328
September (10 J.)	29.9	19.6	14.0	6.5	65.5	17.4	7.5	2.5	3.1	1.3	0.3	0.3	0.6	.	0.3	0.3	.	0.3	.	321
Oktober (8 J.)	30.6	18.4	9.2	4.6	62.8	16.3	10.9	2.9	2.9	0.8	1.3	0.4	.	.	1.3	0.4	.	.	.	239
Mittel	28.7	19.9	11.4	7.9	67.9	16.0	7.8	2.7	2.1	1.1	1.0	0.4	0.4	.	0.1	0.3	.	0.1	.	

6. Zahl der Tage mit ... Regenfällen in Prozenten der Regentage.

Monat	1	2	3	4	5	6	7	8	9	10	11	16	Regentage
Mai (6 J.)	32.8	25.4	13.4	9.0	10.4	6.0	3.0	.	.	.	.	.	67
Juni (6 J.)	30.2	17.5	15.9	15.9	6.3	6.3	4.7	.	3.2	.	.	.	63
Juli (9 J.)	31.5	24.1	18.5	13.0	3.7	3.7	0.9	0.9	0.9	0.9	.	.	108
August (9 J.)	31.0	26.7	16.4	8.6	7.8	3.5	1.7	1.7	1.7	.	0.9	.	116
September (10 J.)	40.4	16.1	16.1	15.3	3.2	6.5	0.8	.	0.8	0.8	.	.	124
Oktober (8 J.)	41.0	16.0	8.0	14.0	6.0	8.0	3.0	1.0	2.0	.	1.0	.	100
Mittel	34.5	21.0	14.7	12.6	6.2	5.7	2.3	0.8	1.3	0.3	0.4	0.2	

7. Zahl der Tage mit einer Regendauer von ... in Prozenten der Gesamtzahl.

Monat	m 1-15	m 16-30	m 31-60	h m 0₁-1	h m 1₁-2	h m 2₁-3	h m 3₁-4	h m 4₁-5	h m 5₁-6	h m 6₁-7	h m 7₁-8	h m 8₁-9	h m 9₁-10	h m 10₁-12	h m 12₁-14	h m 14₁-16	Gesamtzahl
Mai (6 J.)	10.4	10.4	14.9	34.3	20.8	17.9	4.5	6.0	3.0	4.5	1.5	4.5	.	.	.	.	67
Juni (6 J.)	3.0	4.5	22.4	29.9	20.8	11.9	9.0	7.5	10.4	3.0	4.5	1.5	3.0	.	.	.	67
Juli (9 J.)	8.1	13.6	7.2	28.9	17.6	10.8	11.7	7.2	6.3	3.6	1.8	1.8	2.7	0.9	2.7	.	111
August (9 J.)	7.6	5.0	13.5	26.1	24.4	14.3	11.8	6.7	2.5	4.2	4.2	.	1.7	2.5	0.5	0.8	119
September (10 J.)	7.9	11.8	11.8	31.5	14.9	14.2	14.2	6.3	5.5	2.4	2.4	3.1	0.8	3.1	.	1.6	127
Oktober (8 J.)	12.1	2.2	9.9	24.2	17.5	13.2	11.0	12.1	6.6	3.3	3.3	3.3	.	2.2	1.1	2.2	91
Mittel	8.2	7.7	13.3	29.2	20.0	13.7	10.4	7.6	5.7	3.2	2.7	2.1	1.9	1.9	0.8	0.8	

Schwerin (1898—99, 1901—1907).

1. Regenhöhe in mm.

Monat	1a	2a	3a	4a	5a	6a	7a	8a	9a	10a	11a	12a	1p	2p	3p	4p	5p	6p	7p	8p	9p	10p	11p	Summe
Mai (8 J.)	2.2	1.1	1.1	3.0	1.6	2.0	1.8	1.6	1.4	2.1	1.5	1.6	1.7	1.7	1.0	1.1	2.7	2.2	1.5	1.8	1.7	0.9	1.4	2.0	40.7
Juni (7 J.)	1.0	0.8	1.6	1.3	2.3	2.0	2.0	1.4	1.8	2.2	3.6	2.6	2.6	3.7	2.1	1.3	2.0	2.0	1.7	2.6	1.9	2.3	1.9	1.3	48.0
Juli (9 J.)	1.2	1.9	2.3	2.5	3.0	2.1	2.3	1.4	2.3	3.3	5.9	3.9	4.4	2.7	3.4	3.2	3.8	2.6	1.3	1.1	2.2	2.0	0.9		62.1
August (9 J.)	2.9	2.3	2.7	2.2	2.0	2.2	1.9	2.4	1.7	2.3	2.4	3.2	1.6	1.6	3.5	3.3	3.0	7.1	2.4	1.8	1.9	3.0	2.5	2.4	62.3
September (8 J.)	3.4	1.1	1.1	1.9	0.7	0.9	1.1	2.3	1.7	1.6	1.8	1.7	2.7	2.0	1.9	1.1	0.6	0.9	0.6	1.8	1.2	1.2	0.6	0.7	34.6
Oktober (6 J.)	1.3	0.9	0.6	0.6	0.8	1.4	2.2	2.5	1.1	0.9	0.7	0.7	0.5	1.3	1.2	0.4	0.6	1.3	2.1	1.1	1.1	2.3	2.3	1.5	29.4
Summe	12.0	8.1	9.4	11.5	10.4	10.6	11.3	12.6	9.1	11.4	13.3	15.7	13.0	14.7	12.4	10.6	12.1	17.3	10.9	10.4	8.9	11.9	10.7	8.8	277.1

2. Zahl der »Regenstunden«.

Monat	1a	2a	3a	4a	5a	6a	7a	8a	9a	10a	11a	12a	1p	2p	3p	4p	5p	6p	7p	8p	9p	10p	11p	Summe
Mai (8 J.)	2.5	2.4	2.2	3.4	3.3	2.4	2.4	2.4	2.8	2.6	3.4	3.3	3.0	2.9	2.4	2.5	2.8	3.2	2.9	2.6	2.9	2.2	2.2	3.4	66.1
Juni (7 J.)	2.4	1.7	2.2	2.2	2.4	2.7	2.3	1.9	1.4	2.0	2.6	2.3	3.4	3.6	3.3	2.6	2.3	2.6	2.4	3.0	2.7	2.9	2.0	1.4	58.0
Juli (9 J.)	1.9	2.3	2.5	2.3	1.9	2.6	2.5	2.6	2.4	2.7	3.3	4.0	3.3	4.0	5.0	3.9	3.4	3.2	3.6	2.6	2.3	3.0	2.4	1.4	69.1
August (9 J.)	3.2	3.5	2.7	3.1	3.2	3.5	3.3	2.7	2.6	2.1	2.4	3.1	2.6	3.0	4.5	3.5	4.1	4.0	4.2	2.9	2.7	2.9	2.8	1.4	76.5
September (8 J.)	3.0	2.2	2.1	2.8	2.0	2.8	2.8	3.3	3.1	2.4	2.7	3.1	2.6	3.0	2.7	2.2	2.0	2.1	1.6	1.6	2.7	1.7	2.4		59.6
Oktober (6 J.)	2.3	2.1	2.9	2.5	2.9	2.7	4.0	2.5	1.9	2.1	2.5	1.9	1.2	1.5	2.7	1.9	3.1	2.5	2.3	2.7	2.3	2.7	3.1	2.9	59.2
Summe	15.3	14.3	14.6	16.3	15.7	16.7	17.3	15.4	14.2	13.8	16.9	17.7	16.6	18.9	20.4	16.7	17.7	17.5	17.3	15.7	14.7	16.2	14.3	14.3	388.5

3. Gesamtdauer des Regens in Stunden.

Monat	1a	2a	3a	4a	5a	6a	7a	8a	9a	10a	11a	12a	1p	2p	3p	4p	5p	6p	7p	8p	9p	10p	11p	Summe
Mai (8 J.)	1.81	1.39	1.43	2.03	2.30	1.21	1.35	1.41	1.67	1.48	1.40	1.66	1.60	1.21	1.06	0.84	1.24	1.70	1.69	1.52	1.34	1.05	1.14	1.84	35.77
Juni (7 J.)	1.26	1.18	1.25	1.51	1.61	1.95	1.55	1.08	0.99	1.35	1.46	1.30	1.63	1.89	1.43	1.22	1.28	1.33	1.08	1.55	1.31	1.68	1.38	1.15	33.72
Juli (9 J.)	1.01	1.44	1.60	1.64	1.53	1.42	1.49	1.79	1.60	1.74	2.17	2.30	2.04	2.16	2.15	1.96	1.83	1.80	1.70	1.64	1.21	1.67	1.25	0.72	39.86
August (9 J.)	1.79	2.21	1.58	1.60	1.82	2.21	2.27	1.55	1.40	1.03	1.25	1.57	1.44	1.42	2.06	1.69	2.13	2.20	2.15	1.43	1.33	1.62	1.69		41.10
September (8 J.)	1.42	1.54	1.51	1.64	1.55	1.55	1.80	2.19	2.22	1.54	1.55	1.95	1.76	1.91	1.60	1.28	1.15	1.14	0.97	1.08	1.16	1.44	1.11	1.34	36.40
Oktober (6 J.)	1.79	1.60	1.65	1.83	1.31	2.15	2.17	1.57	1.03	1.40	1.22	0.87	0.82	0.99	1.06	0.78	1.53	1.66	1.73	1.86	1.98	2.22	2.27	1.94	37.13
Summe	9.08	9.36	9.32	10.25	10.2	10.80	10.9	9.59	8.91	8.54	9.05	9.65	8.99	9.38	7.77	9.16	9.39	9.32	9.08	8.64	9.39	8.77	8.68		223.98

4. Wirkliche Dauer des Regens in einer »Regenstunde«.

1898—99, 1901—07	0.60	0.62	0.61	0.64	0.64	0.63	0.62	0.64	0.65	0.61	0.56	0.55	0.55	0.53	0.46	0.46	0.51	0.56	0.51	0.58	0.56	0.58	0.59	0.57

5. Häufigkeit der Regenfälle nach ihrer Dauer in Prozenten der Gesamtzahl.

Monat	m 1–15	m 16–30	m 31–45	m 46–60	h m 0₁–1	h m 1₁–2	h m 2₁–3	h m 3₁–4	h m 4₁–5	h m 5₁–6	h m 6₁–7	h m 7₁–8	h m 8₁–9	h m 9₁–10	h m 10₁–11	h m 11₁–12	h m 12₁–14	Gesamt-zahl
Mai (8 J.)	30.6	24.8	11.7	8.8	15.9	14.6	4.5	2.3	0.7	0.7	0.7	0.3	0.3	.	.	.	.	307
Juni (7 J.)	23.2	29.7	13.3	9.0	15.2	12.0	6.0	3.9	0.4	0.4	1.3	.	.	0.4	.	.	0.4	233
Juli (9 J.)	37.5	18.8	7.4	9.2	12.9	13.9	4.5	3.0	2.7	0.6	0.9	0.3	0.6	.	.	0.3	0.3	336
August (9 J.)	31.2	23.3	13.5	8.8	16.8	15.1	3.7	2.3	0.9	0.5	0.5	.	.	0.2	.	.	.	430
September (8 J.)	32.2	21.6	11.9	6.6	17.3	11.0	8.4	2.2	2.2	1.8	0.4	.	0.4	0.4	0.9	.	0.6	227
Oktober (6 J.)	29.0	20.0	10.3	7.1	16.4	20.0	5.8	2.0	2.0	2.0	.	0.6	.	.	.	.	.	155
Mittel	30.6	23.0	11.4	8.3	73.3	14.5	5.5	2.6	1.5	1.0	0.6	0.2	0.2	0.1	0.2	0.1	0.2	

6. Zahl der Tage mit ... Regenfällen in Prozenten der Regentage.

Monat	1	2	3	4	5	6	7	8	9	10	11	12	14	Regentage
Mai (8 J.)	33.6	21.6	20.7	8.6	8.6	1.7	4.3	.	0.9	.	.	.	.	116
Juni (7 J.)	38.3	24.5	8.1	8.1	9.3	5.8	3.5	1.2	.	1.2	.	.	.	86
Juli (9 J.)	32.5	24.7	12.8	15.3	5.1	3.4	0.9	0.9	1.7	0.9	.	.	0.9	117
August (9 J.)	27.0	20.4	16.8	8.8	12.4	8.8	2.9	1.5	0.7	0.7	.	.	.	137
September (8 J.)	31.6	17.7	15.2	13.9	15.2	3.8	1.3	.	1.3	.	.	.	.	79
Oktober (6 J.)	34.5	23.0	27.9	4.9	1.6	1.6	4.9	.	.	.	1.6	.	.	61
Mittel	32.9	22.0	16.9	9.9	8.7	4.2	3.0	0.6	0.8	0.5	0.3	0.1	0.1	

7. Zahl der Tage mit einer Regendauer von ... in Prozenten der Gesamtzahl.

Monat	m 1–15	m 16–30	m 31–45	h m 0₁–1	h m 1₁–2	h m 2₁–3	h m 3₁–4	h m 4₁–5	h m 5₁–6	h m 6₁–7	h m 7₁–8	h m 8₁–9	h m 9₁–10	h m 10₁–11	h m 11₁–12	h m 12₁–14	h m 14₁–16	Gesamt-zahl
Mai (8 J.)	11.1	9.4	17.9	38.4	18.8	16.2	10.2	5.9	2.6	2.6	0.9	.	0.9	0.9	.	.	.	117
Juni (7 J.)	3.4	10.1	20.3	33.8	15.8	22.5	9.0	7.9	2.2	2.2	.	2.2	.	.	1.1	1.1	.	89
Juli (9 J.)	11.9	6.8	7.6	26.3	25.4	12.7	12.7	5.1	5.1	1.7	2.5	.	0.9	.	.	2.5	.	118
August (9 J.)	7.2	10.7	11.4	29.3	14.3	15.0	12.1	6.4	5.0	3.6	0.7	2.9	.	0.7	.	.	.	140
September (8 J.)	12.2	8.5	11.0	31.7	20.7	11.0	7.3	8.5	3.7	1.2	2.4	4.9	3.7	3.7	.	1.2	.	82
Oktober (6 J.)	6.3	6.3	17.5	30.1	23.8	12.7	7.9	9.5	3.2	1.6	1.6	4.8	1.6	.	.	0.6	.	63
Mittel	8.7	8.6	14.3	31.6	21.5	15.0	9.7	7.2	3.6	2.2	3.0	2.7	1.0	0.7	0.3	0.8	0.6	

Westerland (1898—1904, 1906—1907).

1. Regenhöhe in mm.

Monat	1a	2a	3a	4a	5a	6a	7a	8a	9a	10a	11a	12a	1p	2p	3p	4p	5p	6p	7p	8p	9p	10p	11p	Summe
April (8 J.)	1.7	1.7	1.6	2.1	3.1	3.1	3.2	3.0	2.6	2.1	1.3	1.0	1.1	1.2	1.4	0.7	1.1	0.8	1.1	1.3	1.6	1.0	2.2	1.3	41.3
Mai (9 J.)	1.3	2.0	2.6	2.9	2.9	3.1	2.4	2.0	1.6	1.3	0.9	0.7	1.0	1.2	1.3	1.3	1.6	3.7	3.0	2.2	1.5	1.6	1.8	47.0
Juni (9 J.)	2.7	3.6	3.2	3.7	1.8	1.4	1.9	0.9	1.6	1.2	1.5	1.7	1.6	2.7	1.2	0 4	0.8	1.7	1.8	1.9	3.1	3.0	2.0	2.4	47.7
Juli (9 J.)	1.5	1.2	0.6	0.7	1.3	2.5	2.6	2.1	2.7	1.3	2.1	2.5	2.4	3.1	1.6	1.4	1.1	3.8	1.2	2.1	1.1	0.8	1.2	0.8	41.7
August (9 J.)	2.8	2.8	3.4	2.9	3.1	3.5	3.4	6.0	4.8	3.5	2.6	2.6	3.5	2.4	3.4	3.0	1.8	2.4	2.8	3.4	2.7	1.8	2.8	3.2	74.6
September (9 J.)	2.0	2.5	2.4	3.2	3.6	4.1	3.5	3.1	3.2	2.7	1.6	1.1	1.8	0.7	0.8	0.6	0.9	1.3	1.3	1.5	1.6	1.3	1.9	1.6	48.3
Oktober (9 J.)	4.0	4.1	4.7	4.0	3.4	3.9	3.0	2.2	2.1	4	3	3.9	4.0	3.3	4.4	3.6	3.5	4.2	4.7	4.4	3.9	3.4	3.7	4.1	3.8	90.6
Summe	16.0	17.9	18.5	19.5	19.2	21.6	20.7	19.7	19.0	17.1	14.3	13.8	14.4	15.5	13.2	10.9	11.2	16.3	16.3	17.1	15.7	13.1	15.8	14.9	391.3

2. Zahl der »Regenstunden«.

Monat	1a	2a	3a	4a	5a	6a	7a	8a	9a	10a	11a	12a	1p	2p	3p	4p	5p	6p	7p	8p	9p	10p	11p	Summe
April (8 J.)	3.6	3.2	3.1	3.5	4.1	4.6	4.3	3.4	2.7	1.8	3.2	2.4	2.1	2.0	2.0	1.7	2.1	2.4	2.4	2.0	1.8	2.4	2.1	2.9	66.8
Mai (9 J.)	2.1	2.5	3.5	3.9	4.3	4.3	4.1	3.2	2.4	2.6	3.1	2.6	2.2	1.7	1.8	1.6	2.2	2.8	2.9	3.7	3.7	2.9	2.8	2.8	69.2
Juni (9 J.)	3.0	2.8	2.7	2.7	2.2	2.4	1.9	1.2	1.9	2.3	2.2	2.4	2.2	2.4	2.7	2.2	1.8	1.3	1.6	1.6	0.9	2.2	2.6	3.1	53.8
Juli (9 J.)	2.6	1.9	1.6	1.4	2.1	2.1	2.1	2.1	2.9	2.9	2.1	2.8	2.9	1.9	2.3	2.1	2.4	2.1	2.1	2.1	2.3	2.0	1.0	51.9
August (9 J.)	3.6	3.6	4.3	4.4	4.3	4.0	3.6	4.3	3.7	4.8	3.7	3.4	3.9	3.4	3.5	3.5	3.3	2.7	3.5	4.1	3.0	3.5	4.2	4.1	90.4
September (9 J.)	2.8	2.6	2.9	3.5	3.1	3.5	3.4	2.9	2.7	2.4	1.9	1.4	1.9	1.6	2.3	2.7	1.9	2.3	2.7	1.9	2.3	2.7	2.7	2.9	61.9
Oktober (9 J.)	5.3	5.1	6.0	5.6	5.3	5.7	5.0	4.2	4.5	4.7	5.1	4.7	4.3	4.9	5.3	4.9	5.1	5.6	6.1	5.6	5.1	5.6	5.4	5.6	124.7
Summe	23.0	21.7	24.1	25.0	25.4	26.6	24.4	20.8	21.3	23.1	22.1	20.7	20.0	17.5	18.1	16.7	19.0	19.9	19.8	22.0	20.5	22.5	22.3	22.2	518.7

3. Gesamtdauer des Regens in Stunden.

Monat	1a	2a	3a	4a	5a	6a	7a	8a	9a	10a	11a	12a	1p	2p	3p	4p	5p	6p	7p	8p	9p	10p	11p	Summe
April (8 J.)	2.39	2.23	2.28	2.62	2.91	3.46	3.27	2.62	1.77	1.96	2.05	1.60	1.31	1.56	1.48	1.29	1.62	1.56	1.47	1.44	1.36	1.53	1.65	1.85	47.28
Mai (9 J.)	1.40	1.48	2.05	2.64	2.75	2.95	2.63	2.02	1.97	1.46	1.70	1.52	1.17	1.02	0.70	0.68	1.36	1.75	1.88	2.46	2.13	1.81	1.93	1.98	44.02
Juni (9 J.)	2.39	2.02	1.88	1.59	1.58	1.25	1.10	0.84	0.99	1.21	1.28	1.73	1.39	1.35	1.17	0.67	0.79	1.03	0.67	1.26	1.66	2.11	1.95	2.23	34.14
Juli (9 J.)	1.06	0.98	0.87	0.70	0.84	1.12	1.37	1.26	1.30	1.19	1.45	1.61	1.16	1.03	0.97	1.25	1.41	1.18	0.86	1.25	1.01	1.05	0.71	26.90
August (9 J.)	2.00	2.39	2.40	2.33	2.40	2.28	2.34	2.70	2.51	2.54	2.26	2.30	2.00	2.05	2.00	1.77	1.91	1.59	1.82	2.16	1.68	1.86	1.88	2.27	51.44
September (9 J.)	1.35	1.48	1.78	2.22	2.00	2.09	1.61	2.11	1.72	1.78	1.5	0.89	0.70	0.90	0.82	1.18	1.51	2.11	1.28	1.52	1.52	1.52	34.95
Oktober (9 J.)	3.28	3.51	3.41	3.87	3.43	3.76	3.35	2.42	3.05	2.73	3.25	3.14	2.83	3.19	3.25	3.15	3.21	3.75	4.10	3.54	3.30	3.50	4.17	3.65	80.84
Summe	13.87	14.09	14.37	15.97	15.92	16.88	16.15	13.47	13.88	13.50	13.51	13.09	11.20	11.12	10.53	9.35	11.32	12.24	12.14	12.92	12.59	13.10	14.15	14.21	319.57

4. Wirkliche Dauer des Regens in einer »Regenstunde«.

1898-1904, 06-07	0.60	0.65	0.60	0.64	0.62	0.63	0.66	0.65	0.65	0.58	0.61	0.62	0.55	0.64	0.56	0.56	0.60	0.62	0.61	0.58	0.61	0.58	0.63	0.63

5. Häufigkeit der Regenfälle nach ihrer Dauer in Prozenten der Gesamtzahl.

Monat	m 1-15	m 16-30	m 31-45	m h 46-60	h m 0₁-1	h m 1₁-2	h m 2₁-3	h m 3₁-4	h m 4₁-5	h m 5₁-6	h m 6₁-7	h m 7₁-8	h m 8₁-9	h m 9₁-10	h m 10₁-11	h m 11₁-12	h m 12₁-14	h m 14₁-16	h m 16₁-18	Gesamtzahl
April (8 J.)	18.4	22.5	11.2	7.1	59.2	16.9	8.2	3.6	3.6	1.0	2.5	2.0	2.0	.	0.5	.	.	.	0.5	196
Mai (9 J.)	29.3	17.7	10.0	7.4	64.4	16.4	8.1	3.9	1.9	2.6	0.7	0.7	1.0	0.3	.	.	.	.	.	310
Juni (9 J.)	27.1	17.7	11.3	8.2	64.3	19.2	7.0	3.5	2.4	0.8	0.8	1.2	0.4	0.4	.	.	.	.	.	255
Juli (9 J.)	39.0	23.7	9.7	7.5	79.5	11.4	3.2	2.5	1.8	0.4	.	.	.	0.4	.	0.4	.	.	.	279
August (9 J.)	33.7	21.5	12.1	6.6	73.9	14.0	4.1	2.7	2.3	0.9	0.7	0.5	0.2	0.2	0.5	.	.	.	.	437
September (9 J.)	37.2	22.2	10.6	6.8	76.8	9.7	5.2	4.5	1.6	0.3	0.7	0.3	0.3	.	.	.	.	.	0.3	311
Oktober (9 J.)	27.4	20.5	12.6	7.5	68.0	16.5	4.2	3.8	3.1	0.9	1.1	0.4	0.5	0.4	.	0.4	0.2	.	.	547
Mittel	30.3	20.8	11.0	7.3	69.4	14.9	5.7	3.5	2.4	1.0	0.9	0.8	0.6	0.3	0.3	.	0.1	0.0	0.1	

6. Zahl der Tage mit ... Regenfällen in Prozenten der Regentage.

Monat	1	2	3	4	5	6	7	8	9	10	11	12	13	14	Regentage
April (8 J.)	44.3	27.8	15.5	7.3	4.1	1.0	.	.	.	.	.	.	.	.	97
Mai (9 J.)	35.1	28.9	17.2	7.8	5.5	1.6	2.3	0.8	0.8	.	.	.	.	.	128
Juni (9 J.)	30.8	24.5	18.1	11.7	9.5	3.2	.	.	.	1.1	.	1.1	.	.	94
Juli (9 J.)	37.1	21.9	11.4	13.3	5.7	6.7	2.9	.	1.0	.	.	.	.	.	105
August (9 J.)	23.6	26.5	20.7	8.6	6.4	6.4	4.3	0.7	0.7	0.7	0.7	.	0.7	.	140
September (9 J.)	39.0	12.3	14.3	14.3	6.7	4.7	3.8	1.9	1.0	1.0	.	.	.	.	105
Oktober (9 J.)	26.9	19.4	20.0	11.9	5.7	4.4	1.9	0.6	3.1	3.1	1.2	1.2	0.6	.	160
Mittel	33.8	23.1	16.7	10.7	6.2	4.0	2.2	0.6	0.9	0.8	0.4	0.4	0.1	0.1	

7. Zahl der Tage mit einer Regendauer von ... in Prozenten der Gesamtzahl.

Monat	m 1-15	m 16-30	m 31-60	h m 0₁-1	h m 1₁-2	h m 2₁-3	h m 3₁-4	h m 4₁-5	h m 5₁-6	h m 6₁-7	h m 7₁-8	h m 8₁-9	h m 9₁-10	h m 10₁-11	h m 11₁-12	h m 12₁-14	h m 14₁-16	h m 16₁-18	h m 18₁-20	Gesamtzahl
April (8 J.)	6.0	15.0	9.0	30.0	21.0	12.0	4.0	6.0	5.0	5.0	7.0	4.0	2.0	3.0	.	.	.	1.0	.	100
Mai (9 J.)	4.5	9.0	12.0	25.5	23.3	11.3	15.8	6.8	4.5	3.8	2.2	3.0	2.3	0.8	.	.	.	.	.	133
Juni (9 J.)	5.1	11.1	15.1	31.3	16.2	10.1	13.1	5.1	9.1	5.1	3.0	.	4.0	.	.	.	.	.	.	99
Juli (9 J.)	9.4	17.0	18.0	44.4	21.8	11.3	6.6	4.7	1.9	2.8	3.8	.	0.9	0.9	0.9	.	.	.	.	106
August (9 J.)	5.4	7.5	18.4	31.3	22.5	9.5	8.8	5.7	6.8	2.0	4.1	2.7	2.0	2.8	.	.	.	.	.	147
September (9 J.)	12.7	10.9	16.4	40.0	19.1	3.7	12.7	5.5	5.5	2.7	2.7	2.7	.	.	2.7	2.7	.	.	.	110
Oktober (9 J.)	4.8	5.5	9.1	19.4	16.3	9.1	11.5	8.5	9.1	6.1	5.5	2.4	3.0	5.5	2.4	1.2	.	.	.	165
Mittel	6.8	10.9	14.0	31.7	20.0	9.6	10.4	6.3	6.0	3.9	4.0	2.6	1.9	1.0	3.1	1.0	0.3	.	0.1	

Lennep (1899—1907).

1. Regenhöhe in mm.

Monat	1a	2a	3a	4a	5a	6a	7a	8a	9a	10a	11a	12a	1p	2p	3p	4p	5p	6p	7p	8p	9p	10p	11p	Summe
Mai (9 J.)	2.5	3.5	2.1	2.0	2.1	3.1	2.4	3.6	2.9	2.9	3.0	2.8	3.9	4.2	4.0	4.8	3.9	3.1	3.8	4.1	2.5	2.7	3.0	2.5	75.4
Juni (9 J.)	3.4	3.9	4.3	3.6	3.2	4.9	4.4	2.9	2.3	2.2	2.2	2.6	2.3	2.6	3.8	3.1	2.8	3.5	2.0	3.9	2.5	4.8	3.0	5.3	79.5
Juli (9 J.)	4.5	3.9	5.8	5.0	4.9	5.2	4.5	3.2	3.6	2.1	2.4	2.5	2.0	3.7	4.0	9.3	3.8	3.6	4.9	3.8	1.8	2.9	4.9	95.9
August (9 J.)	3.9	3.1	5.2	4.5	3.4	2.8	3.7	3.5	1.6	2.2	2.9	4.5	3.7	6.2	5.0	9.9	4.4	5.1	3.3	3.7	5.3	2.9	3.3	3.8	97.9
September (9 J.)	1.2	1.7	2.4	4.1	4.1	2.9	3.4	3.2	3.2	1.6	2.3	2.7	3.8	4.3	3.6	4.2	4.8	5.0	3.3	4.2	6.0	1.6	1.6	79.5
Oktober (6 J.)	4.4	5.2	4.3	5.2	4.2	3.9	3.0	5.9	5.5	2.6	2.6	1.6	2.7	3.7	4.5	5.8	6.9	8.0	4.9	6.0	6.3	3.5	3.3	3.3	107.3
Summe	20.0	21.3	24.1	24.4	21.9	22.8	21.4	22.3	19.1	13.6	15.4	16.7	18.4	24.7	24.9	37.1	26.6	28.3	22.2	25.7	22.6	23.5	17.1	21.4	535.5

2. Zahl der »Regenstunden«.

Monat	1a	2a	3a	4a	5a	6a	7a	8a	9a	10a	11a	12a	1p	2p	3p	4p	5p	6p	7p	8p	9p	10p	11p	Summe
Mai (9 J.)	4.3	4.3	4.8	4.1	4.0	4.8	4.6	3.7	3.2	4.0	4.4	4.7	5.2	5.3	5.8	5.4	5.0	4.7	5.6	4.9	4.0	3.6	4.3	4.0	108.7
Juni (9 J.)	3.7	3.7	3.5	3.8	4.0	4.0	3.9	2.4	2.4	2.8	3.5	3.4	3.7	3.7	3.2	3.5	3.8	3.5	3.1	3.4	3.6	3.0	3.4	82.4
Juli (9 J.)	4.7	4.7	4.3	4.2	4.7	4.7	5.1	3.4	3.5	3.5	2.6	3.4	3.9	3.4	3.4	4.1	4.0	4.2	5.1	4.7	3.5	3.7	3.7	4.5	97.0
August (9 J.)	3.9	3.4	4.5	3.5	3.9	4.1	3.7	2.9	2.6	2.8	1.70	1.89	1.89	2.00	2.1	2.08	2.10	2.13	1.95	50.18

3. Gesamtdauer des Regens in Stunden.

Monat	1a	2a	3a	4a	5a	6a	7a	8a	9a	10a	11a	12a	1p	2p	3p	4p	5p	6p	7p	8p	9p	10p	11p	Summe
Mai (9 J.)	2.91	3.44	3.29	2.69	2.70	2.96	3.11	2.64	2.56	2.69	2.64	2.88	2.91	2.84	2.64	2.67	2.69	3.22	3.39	2.67	2.64	2.93	3.01	68.38
Juni (9 J.)	2.59	2.63	2.31	2.60	2.85	2.84	2.63	1.46	1.66	2.01	2.03	2.12	2.04	2.07	1.86	2.00	1.87	1.63	1.89	1.85	2.12	2.25	2.17	2.43	51.41
Juli (9 J.)	3.52	2.98	2.79	3.09	2.98	3.43	3.45	2.24	2.69	1.85	1.48	1.92	1.92	1.84	1.74	2.02	2.19	2.37	3.06	3.31	2.16	2.54	2.63	3.20	61.40
August (9 J.)	2.75	1.93	2.12	2.60	2.34	2.27	2.40	1.73	1.68	1.62	1.70	1.89	2.00	2.51	2.26	2.10	2.10	2.12	2.13	2.13	2.08	2.10	2.56	2.02	50.18
September (9 J.)	1.22	1.67	1.77	2.33	1.94	2.11	2.51	2.29	2.66	1.94	2.19	2.40	2.75	2.88	2.80	3.01	3.12	2.72	2.61	2.54	2.68	2.54	2.25	1.95	56.98
Oktober (6 J.)	3.78	3.97	3.73	3.08	3.67	3.38	3.09	2.83	3.62	3.01	2.64	2.48	2.81	3.41	3.03	3.59	4.08	3.98	3.65	3.94	3.24	3.50	3.97	81.82
Summe	16.87	16.62	16.05	16.39	16.48	16.99	17.19	12.68	13.02	14.29	15.01	14.20	14.21	14.48	12.53	15.56	16.39	16.82	15.67	15.52	16.04	17.48	370.17

4. Wirkliche Dauer des Regens in einer »Regenstunde«.

1899—1907	0.71	0.69	0.66	0.68	0.66	0.69	0.66	0.65	0.72	0.63	0.64	0.57	0.55	0.54	0.58	0.54	0.58	0.60	0.57	0.64	0.66	0.67	0.68	0.71

5. Häufigkeit der Regenfälle nach ihrer Dauer in Prozenten der Gesamtzahl.

Monat	m 1–15	m 16–30	m 31–45	m 46–60	h m 01–1	h m 11–2	h m 21–3	h m 31–4	h m 41–5	h m 51–6	h m 61–7	h m 71–8	h m 81–9	h m 91–10	h m 101–11	h m 121–14	h m 141–16	h m 161–18	h m 181–20	h m 201–22	h m 241–26	h m 401–42	Gesamtzahl
Mai (9 J.)	33.1	22.7	11.0	7.1	73.9	12.8	6.5	1.8	1.6	0.8	0.4	0.2	0.2	0.4	0.4	0.2	0.6	.	.	.	.	0.2	493
Juni (9 J.)	27.8	23.4	10.4	7.5	69.1	15.8	6.7	3.3	2.3	0.3	0.3	0.3	0.5	0.5	0.3	.	.	.	0.3	.	.	.	385
Juli (9 J.)	28.4	24.0	9.3	7.4	69.1	17.2	5.3	3.5	2.4	.	0.2	0.9	0.4	0.2	.	0.2	0.4	0.2	.	.	.	.	459
Aug. (9 J.)	30.4	26.3	11.0	8.4	76.1	11.2	6.1	2.2	2.0	1.8	0.2	.	.	.	0.2	.	.	.	.	.	.	.	456
Sept. (9 J.)	26.2	19.6	8.0	9.3	63.1	18.5	8.5	3.9	2.9	0.8	0.3	.	0.3	0.5	0.3	0.3	.	.	.	0.3	.	.	377
Okt. (6 J.)	25.1	17.6	8.5	8.5	59.7	22.0	4.7	3.5	1.3	3.8	2.2	0.9	1.3	0.3	.	.	0.3	.	.	.	.	.	318
Mittel	28.5	22.3	9.7	8.0	68.5	16.3	6.3	3.0	2.1	1.3	0.6	0.4	0.5	0.3	0.1	0.2	0.3	0.1	0.0	0.0	0.0	0.0	

6. Zahl der Tage mit ... Regenfällen in Prozenten der Regentage.

Monat	1	2	3	4	5	6	7	8	9	10	11	12	13	14	15	16	17	18	19	Regentage
Mai (9 J.)	29.2	20.1	16.7	8.3	7.6	3.5	4.8	3.5	2.1	0.7	2.1	0.7	.	.	.	0.7	.	.	.	144
Juni (9 J.)	32.0	16.4	12.3	9.0	7.4	4.1	0.8	4.9	.	0.8	.	.	0.8	.	.	.	.	0.8	.	122
Juli (9 J.)	31.4	19.7	11.7	13.1	8.8	5.8	.	2.9	2.2	.	1.5	2.2	.	.	.	0.7	.	.	.	137
August (9 J.)	29.3	20.0	12.2	10.9	9.3	5.7	5.0	1.4	2.1	1.4	0.7	.	.	.	.	.	.	.	.	140
September (9 J.)	24.6	22.9	14.8	10.7	9.8	2.5	3.3	0.8	2.4	0.8	.	.	0.8	.	.	.	.	.	.	122
Oktober (6 J.)	29.1	24.3	17.5	8.7	10.7	1.9	2.9	.	2.9	1.0	.	.	.	.	.	.	.	1.0	.	103
Mittel	29.3	21.4	15.2	11.6	8.9	3.9	2.8	2.3	1.8	0.8	0.6	0.3	0.1	0.1	.	0.1	0.0	0.2	.	

7. Zahl der Tage mit einer Regendauer von ... in Prozenten der Gesamtzahl.

Monat	m 1–15	m 16–30	m 31–60	h m 01–1	h m 11–2	h m 21–3	h m 31–4	h m 41–5	h m 51–6	h m 61–7	h m 71–8	h m 81–9	h m 91–10	h m 101–11	h m 111–12	h m 121–14	h m 141–16	h m 161–18	h m 181–20	h m 201–22	h m 221–24	Gesamtzahl
Mai (9 J.)	5.4	4.7	13.5	23.6	23.0	11.5	6.8	8.1	5.4	3.4	4.7	1.9	0.7	0.7	2.7	1.4	0.7	.	.	.	0.7	148
Juni (9 J.)	4.0	10.5	9.7	24.2	17.0	14.5	8.1	9.7	8.1	2.4	5.6	2.4	0.7	0.8	1.6	.	1.6	.	.	.	.	124
Juli (9 J.)	7.7	5.0	16.8	28.9	16.2	16.2	6.4	8.4	5.0	2.4	1.4	0.7	.	3.5	2.8	2.1	.	2.1	.	1.4	.	142
Aug. (9 J.)	8.3	9.7	11.7	29.7	17.9	11.7	7.6	11.0	4.1	2.1	2.1	.	0.7	0.7	0.7	.	.	.	.	.	.	145
Sept. (9 J.)	8.0	5.6	8.8	22.4	16.0	9.6	12.8	11.2	6.4	4.0	3.2	4.0	.	0.7	1.6	0.8	2.4	.	.	.	.	125
Okt. (6 J.)	3.8	2.8	4.7	11.3	19.8	13.2	6.6	9.5	9.5	6.6	4.7	8.5	3.8	0.9	0.8	.	.	.	.	.	.	106
Mittel	6.2	6.4	10.8	23.4	18.3	12.8	8.7	9.1	7.6	4.3	3.8	2.8	2.9	1.7	1.6	0.6	1.1	.	0.2	0.1		

Von-der-Heydt-Grube (1897—1907).

1. Regenhöhe in mm.

Monat	1a	2a	3a	4a	5a	6a	7a	8a	9a	10a	11a	12a	1p	2p	3p	4p	5p	6p	7p	8p	9p	10p	11p	Summe
April (7 J.) ...	2.7	2.3	2.7	1.8	1.9	2.2	1.9	1.6	1.6	1.7	2.6	3.2	1.8	1.8	2.3	1.9	2.6	1.6	2.9	2.4	2.7	2.6	2.1	2.4	52.8
Mai (9 J.)	1.9	2.2	2.0	1.4	2.3	3.1	1.9	1.4	2.2	2.0	2.9	3.8	2.6	2.5	3.3	3.0	4.4	2.2	1.2	1.5	1.4	3.3	1.9	1.1	55.5
Juni (10 J.) ,..	1.6	2.8	1.1	1.6	2.0	1.8	3.0	1.8	4.2	2.1	2.1	1.4	2.2	2.9	3.2	3.1	2.4	3.8	3.8	2.7	3.0	1.2	1.2	1.4	56.4
Juli (11 J.) ...	1.0	3.9	2.7	1.9	2.4	1.3	1.9	1.5	2.1	3.9	4.0	3.9	3.1	2.9	1.6	3.4	5.2	5.2	2.6	2.4	2.7	3.3	1.2	1.5	65.6
August (11 J.)..	2.5	2.3	3.5	3.2	1.9	2.3	1.4	2.1	2.6	2.9	2.4	5.3	2.8	3.9	2.0	4.9	3.1	5.1	2.8	2.3	2.8	4.8	1.9	3.8	72.6
September (11 J.)	2.9	3.1	2.1	2.0	2.1	2.7	2.3	2.1	1.5	2.3	2.0	1.7	1.7	1.9	1.9	2.5	2.9	2.2	3.9	2.2	3.2	3.1	2.0	2.0	56.3
Oktober (9 J.)..	1.8	2.0	3.2	3.5	4.7	4.3	3.6	2.9	3.2	3.9	3.4	3.1	2.3	3.2	3.7	3.2	3.7	2.4	3.5	2.6	2.4	2.7	2.4	2.2	73.9
Summe.....	14.4	18.6	17.3	15.4	17.3	17.7	16.0	13.4	17.4	18.8	19.4	22.4	16.5	18.6	18.0	22.0	24.3	22.5	20.7	16.1	18.2	21.0	12.7	14.4	433.1

2. Zahl der »Regenstunden«.

Monat	1a	2a	3a	4a	5a	6a	7a	8a	9a	10a	11a	12a	1p	2p	3p	4p	5p	6p	7p	8p	9p	10p	11p	Summe
April (7 J.) ...	3.9	4.6	4.0	5.2	5.2	5.6	4.5	3.8	4.5	4.2	3.8	3.3	3.3	3.8	2.8	3.3	3.3	4.0	5.4	4.2	5.0	4.0	3.6	98.1
Mai (9 J.)	3.3	3.8	4.0	4.2	5.0	5.0	4.9	3.3	3.3	3.4	3.7	4.3	3.4	3.7	4.5	4.3	4.1	3.8	4.1	3.1	2.8	3.6	2.7	2.2	90.5
Juni (10 J.) ...	2.6	2.5	2.8	2.4	2.2	2.0	2.0	2.4	2.6	2.6	2.3	2.7	2.0	3.0	2.8	2.3	2.3	2.7	2.6	2.3	2.2	2.6	1.7	2.3	57.9
Juli (11 J.) ...	2.7	3.0	2.7	3.1	3.2	3.4	2.5	2.7	3.0	3.5	3.0	2.7	2.6	2.7	2.9	2.7	3.0	2.8	2.4	2.7	1.9	2.3		66.7
August (11 J.)..	3.2	3.0	3.4	3.5	3.6	3.3	2.9	2.3	2.6	3.1	3.1	3.2	3.6	2.7	3.1	3.1	2.4	2.8	2.5	2.0	3.1	2.1	2.7	70.4
September (11 J.)	3.5	3.9	3.6	3.6	3.9	3.5	2.4	2.9	2.8	2.1	2.2	2.5	2.0	2.1	2.0	2.9	2.7	3.1	2.9	3.4	3.1	3.5		71.4
Oktober (9 J.)..	3.3	3.8	4.8	5.3	5.4	5.4	5.3	4.9	5.4	4.4	4.8	4.4	3.7	2.9	4.2	4.3	4.2	3.2	3.3	3.7	4.2	3.3	3.3	3.3	100.7
Summe.....	22.5	24.6	25.3	27.3	28.3	28.6	25.6	21.8	24.3	24.0	21.7	23.1	21.0	21.2	22.7	21.4	22.6	21.0	22.6	22.9	21.6	23.1	18.8	19.7	555.7

3. Gesamtdauer des Regens in Stunden.

Monat	1a	2a	3a	4a	5a	6a	7a	8a	9a	10a	11a	12a	1p	2p	3p	4p	5p	6p	7p	8p	9p	10p	11p	Summe
April (7 J.) ...	2.86	3.08	3.03	3.40	3.58	4.12	3.08	2.41	2.82	2.62	2.37	2.34	1.61	1.71	1.71	1.26	1.41	1.80	2.13	3.42	3.24	2.96	2.96	2.68	62.60
Mai (9 J.)	1.96	2.77	2.92	3.05	3.53	3.62	2.99	1.84	2.02	2.12	2.20	2.49	2.07	1.73	2.14	2.28	1.95	1.81	1.76	1.80	1.65	2.01	2.06	1.62	54.85
Juni (10 J.) ...	1.51	1.89	1.55	1.55	1.58	1.27	1.15	1.17	1.57	1.44	1.29	1.70	0.96	1.38	1.35	1.22	1.19	1.38	1.37	1.33	1.38	1.19	1.17	1.42	32.58
Juli (11 J.) ...	1.52	1.81	1.89	1.68	2.06	2.17	1.58	1.68	1.86	2.00	1.82	2.34	1.47	1.30	1.07	1.52	1.62	2.31	1.56	1.48	1.46	1.15	1.09	1.30	38.25
August (11 J.)..	2.92	2.06	2.14	2.42	2.10	2.45	1.70	1.25	1.57	1.88	1.66	1.73	1.72	1.61	0.91	1.63	1.20	1.43	1.71	1.19	1.23	1.52	1.66		39.69
September (11 J.)	2.43	2.58	2.77	2.58	2.79	3.06	2.32	1.79	1.81	2.05	1.46	1.37	1.60	1.58	1.18	1.12	1.76	1.68	2.07	1.99	2.12	1.92	2.21	2.28	48.52
Oktober (9 J.)..	2.50	2.51	3.48	3.69	3.79	4.29	3.67	3.05	3.90	2.27	2.91	2.89	2.27	1.67	2.25	2.75	3.06	2.48	2.20	2.58	2.44	2.40	2.54	2.51	69.20
Summe.....	14.70	16.70	17.78	18.37	19.40	20.98	16.49	13.29	15.55	15.47	11.73	13.11	11.70	10.99	11.78	12.58	12.61	13.77	13.48	13.02	13.26	13.47		345.69

4. Wirkliche Dauer des Regens in einer »Regenstunde«.

1897—1907	0.63	0.67	0.68	0.66	0.67	0.65	0.64	0.60	0.63	0.64	0.60	0.56	0.55	0.52	0.50	0.55	0.55	0.59	0.57	0.59	0.60	0.57	0.68	0.66

5. Häufigkeit der Regenfälle nach ihrer Dauer in Prozenten der Gesamtzahl.

Monat	m 1-15	m 16-30	m 31-45	m 46-60	h 0₁-1	h 1₁-2	h 2₁-3	h 3₁-4	h 4₁-5	h 5₁-6	h 6₁-7	h 7₁-8	h 8₁-9	h 9₁-10	h 10₁-11	h 11₁-12	h 12₁-14	h 14₁-16	h 16₁-18	h 18-20	h 20₁-22	h 22₁-24	h 24₁-26	h 46₁-48	Gesamtzahl
April (7 J.) ...	29.5	19.5	10.2	7.7	66.9	15.4	5.8	5.1	1.9	0.3	1.9	0.3	0.3	0.3	0.6	0.6	0.6	.	.	.	.	.	.	.	313
Mai (9 J.)	31.7	21.1	12.0	7.1	71.9	12.5	4.4	2.2	1.2	0.7	0.7	0.5	.	.	.	0.2	.	.	.	.	.	0.2	.	.	408
Juni (10 J.) ...	34.2	20.3	12.7	6.7	73.9	13.7	5.4	3.0	1.0	0.6	0.3	.	0.6	.	.	.	0.3	.	.	.	0.3	.	.	.	315
Juli (11 J.) ...	34.3	25.7	9.6	4.2	78.2	12.5	6.4	3.4	1.0	1.2	0.8	0.8	.	0.5	0.3	.	0.3	.	.	.	.	.	.	.	407
August (11 J.)..	32.3	22.3	13.2	4.8	72.6	15.0	5.8	2.5	1.4	0.9	0.9	0.5	0.2	.	.	.	.	.	.	.	.	.	.	.	453
September (11 J.)	30.4	16.1	8.8	11.0	66.3	13.7	7.0	4.3	3.3	1.2	0.9	0.9	0.6	.	0.3	.	0.3	.	0.3	.	.	.	0.3	0.3	329
Oktober (9 J.)..	26.9	20.0	11.4	5.9	64.2	14.7	8.5	2.6	2.6	1.9	1.4	1.0	.	0.7	0.2	.	0.7	0.2	.	.	.	.	.	.	421
Mittel	31.4	20.7	11.1	6.6	69.8	13.9	6.3	3.7	1.9	1.0	0.6	0.5	0.2	0.2	0.2	0.1	0.3	0.0	0.0						

6. Zahl der Tage mit ... Regenfällen in Prozenten der Regentage.

Monat	1	2	3	4	5	6	7	8	9	10	11	12	14	Regentage
April (7 J.) ...	28.9	22.4	16.8	14.0	4.7	6.5	4.8	.	1.9	.	.	.	.	107
Mai (9 J.)	34.0	22.9	14.6	13.2	4.8	3.5	1.4	1.4	1.4	2.1	0.7	.	.	144
Juni (10 J.) ...	37.6	21.6	18.4	8.8	5.6	4.0	3.2	0.8	.	.	.	.	.	125
Juli (11 J.) ...	30.9	24.0	12.9	10.3	3.5	5.2	4.1	1.4	1.4	.	.	.	.	146
August (11 J.)..	34.0	19.9	19.2	8.3	9.6	2.6	3.2	1.9	1.9	1.3	.	.	.	156
September (11 J.)	37.4	22.5	17.8	9.3	4.7	3.9	2.2	2.2	.	.	.	.	.	129
Oktober (9 J.)..	38.4	16.5	16.5	11.0	3.5	5.2	4.8	2.0	.	0.7	.	0.7	.	146
Mittel	34.5	21.4	17.2	10.7	5.2	4.4	3.4	1.4	0.9	0.6	0.2	0.1		

7. Zahl der Tage mit einer Regendauer von ... in Prozenten der Gesamtzahl.

Monat	m 1-15	m 16-30	m 31-45	h 0₁-1	h 1₁-2	h 2₁-3	h 3₁-4	h 4₁-5	h 5₁-6	h 6₁-7	h 7₁-8	h 8₁-9	h 9₁-10	h 10₁-11	h 11₁-12	h 12₁-14	h 14₁-16	h 16₁-18	h 18₁-20	h 20₁-22	h 22₁-24	Gesamtzahl
April (7 J.) ...	2.8	6.4	8.3	17.5	15.6	14.7	15.6	5.5	11.9	6.4	2.8	2.8	1.8	1.8	0.9	1.8	0.9	.	.	.	.	109
Mai (9 J.)	10.4	7.0	9.7	27.1	19.4	13.2	11.1	8.3	4.2	3.4	4.9	4.2	1.4	0.7	.	0.7	.	1.4	.	.	.	144
Juni (10 J.) ...	11.6	9.3	16.3	37.2	23.3	13.2	10.9	5.4	1.5	0.8	2.3	2.3	0.8	.	.	.	.	1.5	0.8	.	.	129
Juli (11 J.) ...	6.7	10.7	14.8	32.2	25.4	12.7	4.7	6.7	6.0	4.7	0.7	.	3.4	.	0.7	.	0.7	.	.	.	.	149
August (11 J.)..	6.3	8.2	16.9	31.4	18.9	15.7	13.2	6.3	6.9	2.5	1.9	.	0.6	1.3	.	1.3	0.7	0.7	.	.	.	159
Septbr. (11 J.)	4.4	6.6	16.2	24.3	18.4	15.5	10.3	5.2	2.9	5.9	1.5	3.0	0.7	1.5	0.7	.	0.7	0.7	0.7	.	.	136
Oktober (9 J.)..	9.4	8.1	8.8	26.3	12.1	11.5	10.8	6.8	5.4	5.8	3.4	4.0	4.0	1.4	2.0	1.4	0.7	.	.	.	.	148
Mittel	7.4	8.0	13.0	28.4	18.7	13.1	11.1	7.1	5.9	4.6	2.5	2.5	1.8	1.0	0.4	0.7	0.5	0.4	0.2	0.1		

Gießen (1901—10).

1. Regenhöhe in mm.

Monat	1ª	2ª	3ª	4ª	5ª	6ª	7ª	8ª	9ª	10ª	11ª	12ª	1p	2p	3p	4p	5p	6p	7p	8p	9p	10p	11p	Summe
April (9 J.)	1.2	2.0	1.5	1.2	1.5	1.1	1.4	2.0	1.4	1.3	1.9	1.4	1.2	1.8	1.2	1.8	1.6	1.5	1.2	1.8	1.2	1.7	1.4	1.0	35.3
Mai (10 J.)	2.2	1.9	1.4	1.2	1.3	1.1	1.7	1.4	1.3	1.0	1.0	1.3	1.7	1.9	2.9	3.2	3.1	5.1	1.9	4.2	2.1	2.4	2.4	1.6	49.3
Juni (10 J.)	1.0	2.6	2.0	1.5	1.8	1.6	2.4	1.4	2.0	1.6	1.8	4.0	1.9	3.6	6.6	3.1	2.4	4.6	2.5	1.7	1.2	1.7	1.8	1.0	55.8
Juli (9 J.)	2.7	1.2	1.6	1.3	2.0	2.4	1.5	1.6	2.6	2.6	3.4	1.9	1.2	4.7	4.8	3.7	3.5	2.0	2.9	4.3	2.8	3.2	1.9	2.2	62.0
August (10 J.)	1.8	2.9	2.1	2.2	2.6	2.6	1.9	2.2	2.1	1.0	1.7	2.3	1.6	2.3	2.0	2.6	2.8	3.1	1.7	3.6	2.8	2.0	2.8	2.0	53.7
September (10 J.)	2.6	2.4	1.9	1.7	2.3	2.2	1.4	1.4	1.3	1.5	1.4	1.3	1.2	2.2	1.9	1.1	2.3	4.2	3.6	2.6	3.6	3.8	2.5	1.9	51.3
Oktober (9 J.)	1.2	1.2	1.9	2.1	2.9	2.0	1.3	1.5	1.8	0.8	1.6	1.8	2.8	2.1	1.6	2.0	1.8	1.1	2.3	2.3	1.9	2.4	2.5	1.4	44.3
Summe	12.7	14.2	12.4	11.2	14.4	13.0	11.6	11.5	11.5	9.8	12.8	14.0	11.6	17.6	21.0	17.5	17.5	21.6	16.1	20.5	15.6	17.2	15.3	11.1	351.7

2. Zahl der »Regenstunden«.

Monat	1ª	2ª	3ª	4ª	5ª	6ª	7ª	8ª	9ª	10ª	11ª	12ª	1p	2p	3p	4p	5p	6p	7p	8p	9p	10p	11p	Summe
April (9 J.)	2.8	3.1	2.4	2.7	2.6	2.9	3.1	2.8	2.4	2.0	2.8	2.9	3.2	3.4	3.3	2.7	3.4	2.8	3.0	3.3	2.7			69.7
Mai (10 J.)	2.9	3.1	3.1	2.5	2.8	2.3	2.7	2.3	2.4	2.3	2.5	3.0	3.3	3.5	3.7	3.1	2.9	2.9	2.5	2.4	2.0	2.4	3.6	3.1	67.3
Juni (10 J.)	1.8	1.9	2.0	2.3	2.9	2.5	2.9	2.4	2.4	2.7	3.2	2.3	2.5	3.8	3.8	3.8	3.3	3.1	2.8	2.0	2.6	2.1	2.1	1.8	62.5
Juli (9 J.)	3.0	3.0	2.3	2.3	2.4	2.8	2.0	2.1	2.2	2.7	2.6	3.0	3.7	3.9	3.7	3.1	2.7	2.8	1.4	1.5	2.3	2.8	2.4	3.0	69.0
August (10 J.)	2.4	2.4	2.3	2.8	3.0	2.6	2.2	1.8	1.7	1.4	1.5	2.3	2.8	2.4	3.0	2.5	3.5	3.1	2.6	2.7	3.2	2.8	3.3	2.4	60.7
September (10 J.)	2.6	3.2	3.0	2.7	3.0	2.9	2.7	2.5	2.0	1.7	2.1	2.5	2.2	2.4	3.0	2.9	3.1	2.8	3.4	3.8	3.7	3.7	3.6	3.8	62.8
Oktober (9 J.)	3.0	2.7	2.4	2.8	3.3	3.9	3.1	2.1	2.6	3.3	2.7	2.8	3.0	2.9	3.1	2.8	3.4	3.8	3.7	3.7	3.6	3.8	3.4	2.9	74.8
Summe	18.0	19.4	17.5	18.1	20.0	20.6	19.5	15.8	17.0	16.2	16.6	18.1	19.9	21.0	22.5	20.4	23.1	23.1	19.9	20.5	20.8	19.8	21.3	17.7	466.8

3. Gesamtdauer des Regens in Stunden.

Monat	1ª	2ª	3ª	4ª	5ª	6ª	7ª	8ª	9ª	10ª	11ª	12ª	1p	2p	3p	4p	5p	6p	7p	8p	9p	10p	11p	Summe
April (9 J.)	1.46	1.82	1.57	1.49	1.39	1.57	1.68	1.30	1.19	1.06	1.31	1.38	1.75	1.57	1.30	1.28	1.01	1.29	1.03	1.47	1.46	1.79	1.84	1.72	34.73
Mai (10 J.)	1.87	1.78	1.52	1.26	1.49	1.19	1.25	1.01	1.55	1.00	1.35	1.64	1.32	1.41	1.33	1.18	1.24	1.30	1.40	1.92	1.79				34.62
Juni (10 J.)	0.71	1.12	1.40	1.25	1.51	1.67	1.50	1.04	1.32	1.44	1.61	1.26	0.97	1.40	1.69	1.43	1.24	1.30	1.20	1.08	0.77	0.90	0.92	0.78	29.51
Juli (9 J.)	1.79	1.27	1.31	1.18	1.15	1.28	1.19	1.04	1.22	0.97	1.12	1.41	0.86	1.24	1.41	1.25	1.43	1.21	1.43	1.72	1.53	1.41	1.14	1.52	1.09	26.66
August (10 J.)	1.14	1.26	1.03	1.31	1.36	1.25	0.88	0.78	0.67	0.79	0.59	1.00	0.50	1.00	0.96	1.01	1.43	1.03	1.78	2.08	1.78	1.32	1.30		32.02
September (10 J.)	1.58	1.84	1.77	1.74	1.49	1.87	1.72	1.24	1.35	1.11	1.06	0.99	1.03	0.98	1.23	1.22	1.55	1.75	1.73	1.72	1.74	1.74	1.56	1.42	35.77
Oktober (9 J.)	1.47	1.38	1.22	1.38	1.81	2.24	1.49	0.79	1.31	1.23	1.27	1.56	1.71	1.60	1.13	1.54	1.61	1.58	1.86	1.88	1.86	2.14	2.13	1.49	37.35
Summe	10.02	10.53	10.08	9.87	10.54	10.92	10.01	7.28	8.31	9.81	7.56	8.31	9.18	9.89	9.14	9.01	9.30	9.29	9.70	10.76	10.62	10.99	11.21	9.59	230.66

4. Wirkliche Dauer des Regens in einer »Regenstunde«.

1901—10	0.56	0.54	0.57	0.54	0.53	0.53	0.50	0.45	0.50	0.47	0.50	0.50	0.45	0.44	0.41	0.44	0.41	0.43	0.48	0.54	0.52	0.57	0.52	0.55

5. Häufigkeit der Regenfälle nach ihrer Dauer in Prozenten der Gesamtzahl.

Monat	m 1-15	m 16-30	m 31-45	m 46-60	h m 0₁-1	h m 1₁-2	h m 2₁-3	h m 3₁-4	h m 4₁-5	h m 5₁-6	h m 6₁-7	h m 7₁-8	h m 8₁-9	h m 9₁-10	h m 10₁-15	h m 15₁-20	h m 20₁-25	h m 30₁-40	Gesamt-zahl
April (9 J.)	50.1	17.8	7.5	4.8	80.2	9.8	4.6	3.2	1.4	0.5	0.5	.	.	.	.	.	.	.	439
Mai (10 J.)	46.6	19.9	6.6	5.7	78.8	11.7	4.9	2.0	0.9	.	0.9	0.4	.	0.2	.	0.2	.	.	453
Juni (10 J.)	51.9	19.2	9.4	5.9	86.4	7.3	3.4	0.4	.	1.3	0.2	0.2	.	.	.	.	0.2	.	478
Juli (9 J.)	47.8	18.0	5.5	8.2	81.1	9.1	6.0	1.6	0.17	0.4	.	0.2	.	.	.	.	.	.	452
August (10 J.)	51.8	19.2	8.7	2.7	84.9	10.1	2.7	0.6	1.0	0.2	.	0.2	.	0.2	0.2	.	.	.	484
September (10 J.)	45.9	21.6	6.7	4.9	79.1	11.3	3.1	1.6	2.3	0.8	0.5	0.3	0.3	0.3	0.3	.	.	0.3	388
Oktober (9 J.)	42.4	22.3	11.1	6.1	81.9	10.5	3.7	1.1	0.9	0.9	.	.	0.4	0.2	0.4	.	.	.	458
Mittel	48.1	19.9	8.6	5.4	81.9	10.0	4.1	1.5	1.1	0.6	0.3	0.1	0.1	0.1	0.1	0.0	0.0	0.0	

6. Zahl der Tage mit ... Regenfällen in Prozenten der Regentage.

Monat	1	2	3	4	5	6	7	8	9	10	11	12	13	14	15	16	17	Regentage
April (9 J.)	22.1	15.6	22.1	15.6	5.7	9.0	2.5	0.8	1.6	0.8	1.6	1.6	.	0.8	.	.	.	122
Mai (10 J.)	31.5	17.5	16.1	10.5	9.1	7.0	2.1	2.8	1.4	0.7	0.7	0.7	.	.	.	.	.	143
Juni (10 J.)	19.8	22.1	10.7	16.8	12.2	8.4	3.0	.	3.8	0.8	1.5	.	0.8	.	.	.	.	131
Juli (9 J.)	29.9	18.7	12.7	9.0	11.9	6.0	4.5	3.0	2.2	0.7	.	0.7	0.7	.	.	.	.	134
August (10 J.)	23.0	25.2	13.0	13.0	8.6	3.6	5.0	2.2	3.6	0.7	1.4	.	.	.	.	.	0.7	139
September (10 J.)	29.6	20.9	16.5	7.8	4.4	5.2	7.8	4.4	0.9	.	0.9	0.9	0.9	.	.	.	.	115
Oktober (9 J.)	32.8	19.3	11.7	12.5	7.8	5.5	5.5	4.7	2.3	1.6	0.8	.	0.8	.	.	.	.	128
Mittel	26.9	19.0	14.7	12.2	8.5	6.4	4.3	2.6	2.3	0.8	0.9	0.2	0.2	0.2	.	.	0.1	

7. Zahl der Tage mit einer Regendauer von ... in Prozenten der Gesamtzahl.

Monat	m 0-15	m 16-30	m 31-45	h m 0₁-1	h m 1₁-2	h m 2₁-3	h m 3₁-4	h m 4₁-5	h m 5₁-6	h m 6₁-7	h m 7₁-8	h m 8₁-9	h m 9₁-10	h m 12₁-15	h m 15₁-18	h m 18₁-21	h m 21₁-24	Gesamt-zahl
April (9 J.)	9.6	11.2	15.2	36.0	18.4	12.0	16.0	4.8	4.0	2.4	2.4	1.6	.	0.8	.	0.7	.	125
Mai (10 J.)	15.9	8.3	15.8	40.0	21.4	15.2	6.9	2.1	3.4	4.1	2.1	.	3.4	0.7	.	0.7	.	145
Juni (10 J.)	12.8	15.0	15.8	43.6	23.5	10.5	5.3	3.8	3.0	2.3	3.0	2.3	2.3	0.8	.	.	.	133
Juli (9 J.)	12.3	12.3	22.5	47.1	16.7	16.7	4.4	4.4	1.4	5.8	1.4	0.7	0.7	.	0.7	.	.	138
August (10 J.)	14.4	10.8	17.3	42.5	23.0	14.4	8.6	5.0	1.4	1.4	0.7	1.4	0.7	1.4	.	.	.	139
September (10 J.)	11.1	12.0	14.5	37.6	18.8	9.4	6.0	6.8	1.7	0.8	1.7	0.9	0.9	1.7	0.9	.	.	117
Oktober (9 J.)	12.4	11.6	17.1	41.1	10.9	15.5	9.3	8.5	5.4	0.8	2.3	2.3	1.6	1.6	0.8	.	.	129
Mittel	12.6	11.6	16.9	41.1	18.9	13.4	8.6	4.9	3.6	2.6	2.2	1.3	1.8	0.6	0.5	0.4	0.1	

Mostar (1894—1909).

2. Zahl der »Regenstunden«.

Monat	1a	2a	3a	4a	5a	6a	7a	8a	9a	10a	11a	12a	1p	2p	3p	4p	5p	6p	7p	8p	9p	10p	11p	Summe
Januar	3.4	3.3	3.8	3.2	3.4	3.5	4.6	4.8	4.1	3.6	4.1	4.1	4.2	3.9	4.1	3.6	4.1	3.6	3.2	3.1	3.1	3.8	3.4	3.2	89.2
Februar	3.4	3.3	3.1	3.3	3.6	4.2	4.8	4.8	3.9	3.6	4.1	3.9	3.6	3.1	3.6	3.7	3.8	3.5	3.3	3.3	3.4	3.4	3.7	3.5	86.8
März	3.7	4.7	4.9	4.8	4.8	4.4	5.5	4.7	4.5	4.5	4.8	5.4	4.8	5.0	4.1	4.1	3.6	4.2	3.2	3.9	4.2	3.6	4.4	4.4	106.2
April	3.1	3.6	3.2	3.5	3.2	3.7	4.8	3.8	3.5	3.8	3.9	4.0	3.8	4.6	4.6	4.8	4.6	5.2	3.4	3.5	3.3	3.4	2.8	3.2	91.3
Mai	2.6	2.7	2.8	2.6	3.1	2.4	3.8	3.3	2.5	3.1	2.9	3.8	3.0	3.5	4.1	3.9	2.8	2.8	2.5	2.6	3.0	2.4	2.4	2.4	71.7
Juni	1.6	1.9	1.6	1.6	1.5	1.4	2.0	1.4	1.4	1.6	1.7	2.5	2.0	2.9	2.8	3.1	2.8	2.6	1.7	2.2	1.9	1.4	1.6	1.7	46.9
Juli	0.5	0.6	0.8	0.8	1.1	1.1	1.1	0.8	0.8	1.1	1.4	1.2	0.9	1.1	1.3	0.9	1.0	0.9	0.4	0.6	0.7	0.6	0.6	0.6	21.2
August	1.1	1.0	0.8	1.0	1.3	0.9	0.9	0.9	0.6	0.8	0.8	1.2	1.1	1.1	1.2	1.1	0.9	0.8	0.6	1.1	0.9	0.9	1.2		23.4
September	2.2	2.1	2.0	1.8	2.3	2.1	2.1	1.8	1.6	1.6	2.0	2.2	1.8	2.4	2.6	2.6	1.9	1.4	1.4	1.5	1.6	1.8	2.1	2.1	47.0
Oktober	3.9	3.7	3.5	4.4	4.4	4.2	4.9	4.1	2.0	3.6	3.6	3.7	3.6	3.4	3.4	3.6	3.3	8.0	3.4	3.4	3.1	3.5			87.2
November	3.8	3.8	3.4	3.2	3.4	3.5	4.3	3.2	3.4	3.2	4.0	3.9	4.1	3.8	3.9	3.6	4.2	3.4	3.6	3.3	3.8	3.8	3.4	3.6	87.6
Dezember	4.4	5.2	5.4	5.1	4.7	5.3	5.8	5.2	4.9	5.1	5.3	5.4	5.6	6.0	5.4	4.8	4.8	5.4	5.2	5.1	5.3	4.8	4.4	4.8	123.4
Summe	33.7	35.9	35.3	35.3	36.8	36.7	44.4	37.9	33.9	35.8	38.2	40.7	38.4	41.3	40.9	40.1	38.5	37.6	32.8	32.4	34.3	34.0	32.8	34.2	881.9

7. Zahl der Tage mit einer Regendauer von ... in Prozenten der Gesamtzahl.

Monat	m 1-15	m 16-30	m 31-60	h m 0₁-1	h m 1₁-2	h m 2₁-3	h m 3₁-4	h m 4₁-5	h m 5₁-6	h m 6₁-7	h m 7₁-8	h m 8₁-9	h m 9₁-10	h m 10₁-11	h m 11₁-12	h m 12₁-13	h m 13₁-14	h m 14₁-15	h m 15₁-16	h m 16₁-17	h m 17₁-18	h m 18₁-19	h m 19₁-20	h m 20₁-21	h m 21₁-22	Gesamtzahl
Januar	5.7	5.0	6.3	17.0	10.7	13.8	5.7	11.3	6.9	6.3	5.0	4.5	3.8	5.0	0.6	3.1	2.5	1.3	1.3	.	.	.	0.6	0.6	.	159
Februar	7.1	4.7	4.7	16.5	10.6	18.8	6.5	10.0	8.8	5.9	2.3	3.5	1.2	2.9	2.4	.	1.2	1.2	.	.	.	.	.	.	.	170
März	4.2	1.6	6.3	12.1	14.7	13.1	8.9	7.8	6.3	6.3	5.2	4.2	5.2	4.7	3.1	2.1	0.5	2.6	1.1	0.5	.	1.1	.	.	0.5	191
April	8.7	6.7	11.8	27.2	10.8	9.7	8.2	7.7	7.2	4.1	3.6	3.6	1.6	1.5	3.6	2.1	1.5	0.5	1.0	0.5	.	.	.	0.5	.	195
Mai	13.6	5.1	12.6	31.3	18.7	14.7	9.6	7.1	5.1	2.5	4.0	1.5	1.5	1.5	0.5	0.5	.	0.5	.	.	1.0	.	.	.	.	198
Juni	15.2	13.3	15.2	43.7	23.0	11.5	6.1	4.3	3.6	3.0	1.2	0.6	1.8	0.6	.	.	.	.	0.6	.	.	.	.	.	.	165
Juli	16.0	14.9	22.3	53.2	21.3	24.4	11.7	3.2	4.2	.	1.1	.	.	.	1.1	.	.	.	.	.	.	.	.	.	.	94
August	11.0	16.4	17.6	45.0	18.7	15.4	8.8	2.2	4.4	1.1	2.2	.	.	1.1	.	1.1	.	.	.	.	.	.	.	.	.	91
September	11.1	10.3	8.6	30.0	18.0	11.1	5.1	7.7	4.3	8.6	4.3	1.7	1.7	2.6	0.8	.	.	.	.	0.8	0.8	.	.	.	0.8	117
Oktober	9.5	8.4	6.8	24.7	12.1	11.6	11.0	6.8	9.5	5.8	3.2	5.8	3.2	2.1	1.6	.	0.5	0.5	.	0.5	.	.	.	.	.	190
November	4.3	4.9	7.4	16.6	16.0	9.2	9.8	8.0	8.6	6.1	4.3	4.9	3.1	2.5	3.1	2.4	0.6	0.6	1.2	2.4	.	.	0.6	.	.	163
Dezember	3.3	2.9	7.1	13.3	9.1	11.4	13.8	8.1	9.5	7.6	3.8	3.3	5.3	1.4	4.3	2.4	1.9	1.9	1.4	0.5	1.0	.	0.5	.	.	210
Mittel	9.1	7.8	10.6	27.5	15.5	12.7	8.1	6.9	6.5	4.8	3.4	3.1	2.6	2.2	1.6	1.0	0.9	0.7	0.6	0.6	0.2	0.2	0.1	0.1	0.1	

Wien (1898—1909).

2. Zahl der »Regenstunden«.

Monat	1a	2a	3a	4a	5a	6a	7a	8a	9a	10a	11a	12a	1p	2p	3p	4p	5p	6p	7p	8p	9p	10p	11p	Summe
April	3.5	3.5	3.6	3.8	4.2	4.2	4.4	3.9	4.2	3.7	3.5	3.7	2.8	3.5	3.7	3.3	3.2	3.9	2.8	3.5	3.5	3.7	3.7	3.3	87.1
Mai	2.7	2.7	2.8	2.6	2.7	3.6	4.1	3.2	2.6	2.7	2.5	2.5	2.7	3.1	2.7	2.9	3.9	3.8	3.6	3.6	3.4	3.3	3.0		74.7
Juni	1.8	2.0	1.9	2.3	3.0	2.8	1.8	2.2	2.3	2.0	2.1	2.2	3.3	3.0	3.3	3.3	2.5	2.4	2.4	2.3	2.3	2.5	2.2		58.9
Juli	2.0	2.4	2.5	2.5	3.2	3.2	2.2	2.6	2.3	2.4	2.0	2.7	3.5	3.6	3.5	4.3	2.9	3.5	3.4	4.0	4.6	3.0	2.2		72.0
August	2.6	2.8	2.6	2.4	2.8	2.2	2.5	2.3	2.1	1.8	1.4	2.0	2.0	2.1	2.2	2.5	2.8	3.1	3.3	3.4	3.9	2.7	2.2		59.9
September	2.9	3.1	3.4	2.7	3.0	3.2	3.1	2.3	2.1	2.2	2.2	2.4	2.2	1.8	2.2	2.4	3.1	3.1	3.1	2.9	2.8	3.0			63.8
Oktober	2.4	2.4	2.8	2.9	3.2	3.2	3.2	2.5	2.8	3.0	2.8	2.7	2.3	2.2	2.2	2.2	2.1	2.4	2.5	2.8	2.8	2.4	2.5		61.7
Summe	17.9	18.9	19.6	19.2	21.6	22.6	23.3	18.3	18.3	18.4	17.0	16.8	16.9	20.1	19.6	19.5	21.9	20.7	21.3	22.1	23.3	22.4	19.7	18.7	478.1

7. Zahl der Tage mit einer Regendauer von ... in Prozenten der Gesamtzahl.

Monat	m 1-15	m 16-30	m 31-60	h m 0₁-1	h m 1₁-2	h m 2₁-3	h m 3₁-4	h m 4₁-5	h m 5₁-6	h m 6₁-7	h m 7₁-8	h m 8₁-9	h m 9₁-10	h m 10₁-11	h m 11₁-12	h m 12₁-13	h m 13₁-14	h m 14₁-15	h m 15₁-16	h m 16₁-17	h m 17₁-18	h m 18₁-19	h m 19₁-20	h m 20₁-21	h m 21₁-22	h m 23₁-24	Gesamtzahl
April	4.1	12.4	11.8	28.3	13.6	8.3	8.9	11.2	4.7	4.1	4.1	3.6	1.8	2.4	2.4	0.6	1.8	.	1.2	1.2	0.6	.	0.6	.	0.6	.	169
Mai	6.8	16.5	11.3	34.6	21.0	13.0	5.7	7.4	5.1	1.1	2.3	0.6	1.7	1.7	1.1	0.6	.	.	0.6	0.6	0.6	.	.	.	.	.	176
Juni	8.4	10.4	21.4	40.2	17.5	10.4	12.3	4.5	3.2	2.0	2.0	0.7	1.3	1.3	2.6	0.7	1.3	.	.	.	.	.	.	.	.	.	154
Juli	4.4	10.5	14.4	33.2	23.8	13.3	6.6	6.1	3.9	4.4	2.2	1.7	.	1.1	0.6	0.6	.	1.1	.	0.5	0.5	.	.	0.5	.	.	181
August	8.9	12.0	14.6	35.5	17.7	14.6	7.6	7.6	3.8	1.9	1.3	1.9	0.6	0.6	.	.	.	.	0.6	.	.	.	.	.	.	.	158
Sept.	4.8	11.6	15.1	31.5	21.2	13.0	7.5	2.7	2.1	2.7	4.8	5.5	3.4	2.1	0.7	.	1.4	.	.	.	0.7	.	.	.	0.7	.	146
Okt.	4.1	10.9	11.5	26.5	19.0	12.9	7.5	10.2	6.8	4.8	2.7	2.0	2.7	1.4	0.7	1.4	.	1.4	.	1.4	.	.	0.1	.	.	.	147
Mittel	6.5	12.0	14.3	32.8	19.1	12.2	8.0	7.1	4.5	3.3	2.8	2.2	1.7	1.4	1.3	0.7	0.6	0.2	0.5	0.2	0.4	0.2	0.4	0.1	0.2	0.1	

Letzte Veröffentlichungen des Königlich Preußischen Meteorologischen Instituts

Herausgegeben durch dessen Direktor

G. Hellmann

Nr. 226. Ergebnisse der Beobachtungen an den Stationen II. und III. Ordnung im Jahre 1906, von G. Lüdeling. Deutsches Meteorologisches Jahrbuch für 1906. Preußen und übrige norddeutsche Staaten. Heft III. 4°. XVI S. u. S. 75—178. 1 Karte. 1910. Preis 8 M.

Nr. 227. Bericht über die Versammlungen des Internationalen Meteorologischen Komitees und dessen Kommission für Erdmagnetismus und Luftelektrizität. Berlin 1910. 8°. 117 S. 1910. Preis 4 M.

Nr. 228. Abhandlungen Bd. IV. Nr. 1. Untersuchungen über den täglichen Gang des luftelektrischen Potentialgefälles, von K. Kähler. 4°. 29 S. 1911. Preis 3 M.

Nr. 229. Bericht über die Tätigkeit des Königlich Preußischen Meteorologischen Instituts im Jahre 1910. Erstattet vom Direktor. 8°. 184 S., 1 Tafel. 1911. Preis 6 M.

Nr. 230. Meteorologische Untersuchungen über die Sommerhochwasser der Oder, von G. Hellmann und G. v. Elsner. Text. 8°. XI, 235 S. Atlas mit 55 Tafeln. Fol. 1911. Preis gebunden 50 M.

Nr. 231. Ergebnisse der Gewitter-Beobachtungen in den Jahren 1908 und 1909, von Th. Arendt. 4°. LXXIII, 98 S., 4 Tafeln. 1911. Preis 10 M.

Nr. 232. Ergebnisse der Magnetischen Beobachtungen in Potsdam. Ergänzungsband zu den Jahrgängen 1892—1900, bearbeitet von W. Brückmann. 4°. 100 S., 3 Tafeln. 1911. Preis 10 M.

Nr. 233. Ergebnisse der Beobachtungen an den Stationen II. und III. Ordnung im Jahre 1907, von G. Lüdeling. Deutsches Meteorologisches Jahrbuch für 1907. Preußen und übrige norddeutsche Staaten. 4°. XVI, 178 S., 1 Karte. 1911. Preis 12 M.

Nr. 234. Ergebnisse der Magnetischen Beobachtungen in Potsdam und Seddin im Jahre 1909, von Ad. Schmidt. 4°. 36, (24) S., 4 Tafeln. 1911. Preis 7 M.

Nr. 235. Regenkarten der Provinz Ostpreußen. Mit erläuterndem Text und Tabellen, von G. Hellmann. Zweite vermehrte Auflage. Berlin, Dietrich Reimer (Ernst Vohsen) 1911. 8°. 25 S., 2 Tafeln. Preis 2 M.

Nr. 236. Abhandlungen Bd. IV. Nr. 2. Theoretische Betrachtungen über den Bau der wandernden Zyklonen und über die Strömungslinien der Luft in ihnen, von O. Kiewel. 4°. 35 S. 1911. Preis 3 M.

Nr. 237. Abhandlungen Bd. IV. Nr. 3. Der Einfluß geringer Geländeverschiedenheiten auf die meteorologischen Elemente im norddeutschen Flachlande, von K. Knoch. 4°. 53 S. 1911. Preis 4 M.

Nr. 238. Abhandlungen Bd. IV. Nr. 4. Meteorologisch-optische Erscheinungen beobachtet von Holzhueter in Hoppendorf (Westpreußen) bearbeitet von C. Kaßner. 4°. 45 S., 16 Figuren. 1911. Preis 3.50 M.

Nr. 239. Ergebnisse der Niederschlags-Beobachtungen im Jahre 1909, von C. Kaßner. 4°. XL, 160 S., 1 Karte. 1911. Preis 14 M.

Nr. 240. Ergebnisse der Meteorologischen Beobachtungen in Potsdam im Jahre 1910, von R. Süring. 4°. XXVIII, 96 S. 1911. Preis 8 M.

Nr. 241. Ergebnisse der Magnetischen Beobachtungen in Potsdam und Seddin im Jahre 1910, von Ad. Schmidt. 4°. 33, (24) S., 4 Tafeln und 1 Tasche mit 11 Diagrammen. 1911. Preis 7 M.

Nr. 242. Internationaler Meteorologischer Kodex. Im Auftrage des Internationalen Meteorologischen Komitees bearbeitet von G. Hellmann, Berlin, und H. H. Hildebrandsson, Upsala. Deutsche Originalausgabe. Zweite vermehrte Auflage. 8°. X, 103 S., 1 Tabelle. 1911. Preis 4 M.

Nr. 243. Abhandlungen Bd. IV. Nr. 5. Zur Meteorologie von Athen. Witterungsaufzeichnungen 1863—1879. Messungen der Radien des Mondhalo von 22°, Nordlichtbeobachtungen von J. F. Julius Schmidt, bearbeitet von K. Knoch. 4°. 39 S., 3 Tafeln. 1911. Preis 4 M.

Nr. 244. Bericht über die Tätigkeit des Königlich Preußischen Meteorologischen Instituts im Jahre 1911. Erstattet vom Direktor. Mit einem Anhang enthaltend wissenschaftliche Mitteilungen. 8°. 190 S. 1912. Preis 6 M.

Nr. 245. Anleitung zur Messung und Aufzeichnung der Niederschläge. Achte umgearbeitete Auflage. 8°. 16 S. 1912. Pr. 70 Pf.

Nr. 246. Ergebnisse der Beobachtungen an den Stationen II. und III. Ordnung im Jahre 1908, von G. Lüdeling. Deutsches Meteorologisches Jahrbuch für 1908. Preußen und übrige norddeutsche Staaten. 4°. XVI, 180 S., 1 Karte. 1912. Preis 12 M.

Nr. 247. Regenkarten der Provinz Schlesien. Mit erläuterndem Text und Tabellen, von G. Hellmann. Zweite vermehrte Auflage. Berlin, Dietrich Reimer (Ernst Vohsen) 1912. 8°. 26 S., 2 Tafeln. 1912. Preis 2 M.

Nr. 248. Regenkarten der Provinzen Westpreußen und Posen. Mit erläuterndem Text und Tabellen, von G. Hellmann. Zweite vermehrte Auflage. Berlin, Dietrich Reimer (Ernst Vohsen) 1912. 8°. 26 S., 2 Tafeln. Preis 2 M.

Nr. 249. Ergebnisse der Niederschlags-Beobachtungen im Jahre 1910, von C. Kaßner. 4°. XL, 154 S., 1 Karte. 1912. Preis 14 M.

Nr. 250. Ergebnisse der Magnetischen Beobachtungen in Potsdam und Seddin im Jahre 1911, von Ad. Schmidt. 4°. 40, (28) S., 4 Tafeln und 1 Tasche mit 13 Diagrammen. 1912. Preis 8 M.

Nr. 251. Ergebnisse der Meteorologischen Beobachtungen in Potsdam im Jahre 1911, von R. Süring. Mit zwei Abhandlungen von W. Marten und K. Kähler. 4°. XXXI, 94 S. 1912. Preis 8 M.

Vorstehende Veröffentlichungen sind im Kommissionsverlage von Behrend & Co. in Berlin erschienen, Nr. 235, 247 und 248 in dem von Dietrich Reimer (Ernst Vohsen).

MIX
Papier aus verantwortungsvollen Quellen
Paper from responsible sources
FSC® C105338

If you have any concerns about our products,
you can contact us on
ProductSafety@springernature.com

In case Publisher is established outside the EU,
the EU authorized representative is:
**Springer Nature Customer Service Center GmbH
Europaplatz 3, 69115 Heidelberg, Germany**

Printed by Libri Plureos GmbH
in Hamburg, Germany